虚拟学术社区中科研人员合作机制

谭春辉 著

本书系国家社会科学基金一般项目
"虚拟学术社区中科研人员合作机制研究"
（项目编号：18BTQ081）研究成果

科学出版社
北 京

内 容 简 介

本书围绕虚拟学术社区科研人员合作机制，系统地阐述国内外虚拟学术社区运行的政策环境；采取博弈分析、质性研究等多种研究方法，从不同视角对科研人员合作行为及其影响因素进行探究；通过多重维度，对虚拟学术社区中科研合作开展提出相关建议和系统保障机制。本书在一定程度上弥补当前学界对虚拟学术社区中科研人员合作机制的研究薄弱之处，对推动我国虚拟学术社区发展和维持其成员开展高质量科研合作具有一定的参考借鉴价值。

本书适合作为高等院校、科研院所等机构中广大科研工作者了解、学习虚拟学术社区中科研人员合作机制的参考书，也可供虚拟学术社区运营主体改善社区运营环境、提升社区效能之用。

图书在版编目(CIP)数据

虚拟学术社区中科研人员合作机制/谭春辉著. —北京：科学出版社，2022.5

ISBN 978-7-03-072232-4

Ⅰ. ①虚⋯ Ⅱ. ①谭⋯ Ⅲ. ①科研人员-学术交流-研究 Ⅳ. ①G321.5

中国版本图书馆 CIP 数据核字（2022）第 077511 号

责任编辑：邵 娜 / 责任校对：高 嵘
责任印制：张 伟 / 封面设计：无极书装

科学出版社 出版
北京东黄城根北街 16 号
邮政编码：100717
http://www.sciencep.com

北京凌奇印刷有限责任公司 印刷
科学出版社发行 各地新华书店经销

*

2022 年 5 月第 一 版　开本：787×1092　1/16
2023 年 6 月第二次印刷　印张：11 3/4
字数：279 000
定价：98.00 元
（如有印装质量问题，我社负责调换）

作者简介

谭春辉，1975年生，湖南省株洲市炎陵县人，博士，现为华中师范大学教授、博士生导师，主要从事信息计量与科学评价、网络用户行为、数字经济与电子商务等方面的教学与科研工作。主持完成国家社会科学基金一般项目2项、教育部社会科学基金项目2项、湖北省社会科学基金项目1项、武汉市社会科学基金项目1项、武汉市软科学研究计划项目2项，发表CSSCI来源期刊论文70余篇，合著图书1部（排名第2）。先后荣获第九届湖北省社会科学优秀成果奖一等奖、第七届高等学校科学研究优秀成果奖（人文社会科学）二等奖。

前　言

在"大数据研究"和"大科学研究"的时代背景下，科研合作日益成为科学研究的主流方式，科研合作的活力与效力提升成为推动科学发展进步的关键。同时伴随信息技术的飞速发展以及数字化科研基础设施的普及，传统的学术交流模式和科研合作模式发生剧烈变革。小木虫、丁香园、经管之家、ResearchGate、Mendeley等虚拟学术社区逐渐成为科研人员知识获取、知识交流、知识创新的平台，科研人员基于虚拟学术社区的合作也日趋增多。目前，学界虽然已有不少学者围绕虚拟学术社区展开相关研究，但对于虚拟学术社区中科研人员合作机制的研究仍处于起步阶段。本书是在国家社会科学基金一般项目2018年度立项课题"虚拟学术社区中科研人员合作机制研究"（项目编号：18BTQ081）的研究工作基础上著作而成的，是该课题研究成果的主要组成部分，主要聚焦于虚拟学术社区中的科研人员合作机制进行研究，并在以下三个方面做了一些工作。

（1）国内外虚拟学术社区制度文本研究。政策环境对虚拟学术社区的发展起着至关重要的作用。本书采用质性分析方法，基于政策工具类型与科研合作过程两个维度，将国内外虚拟学术社区制度文本进行对比分析，不仅拓展政策工具的应用领域，同时也为国内虚拟学术社区制度文本的规范、完善提供方法论的指导，对优化我国虚拟学术社区制度体系具有较大的参考价值。

（2）虚拟学术社区中科研人员合作行为研究。虚拟学术社区中科研人员合作行为研究是合作机制研究中的重要维度，本书运用博弈论、结构方程模型、QCA、共生理论等相关理论与方法，对虚拟学术社区中科研人员合作意愿、使用意愿、信息搜寻、合作信任、合作稳定性等方面进行探究并得到系列成果，这些成果对鼓励非正式的学术交流与科研合作、规范科研合作中的各种社会关系、提升科研人员在虚拟学术社区中科研合作效率具有一定的价值。

（3）虚拟学术社区中科研人员合作保障机制研究。完善系统的保障机制建立对推动虚拟学术社区中科研人员合作开展与维持长期稳定合作具有重要的意义。本书通过梳理阻碍虚拟学术社区中科研人员合作开展的实际因素，从利益协同机制、激励机制、声誉机制、需求满足机制等不同视角切入，并提出系列相关对策建议，以期推动虚拟学术社区中的科研合作高质量稳定开展。

在本书撰写过程中，广泛吸取国内外相关研究成果，参考和引用一些专家学者的有关著作，在此谨致以诚挚的谢意！感谢为本书数据采集与处理做出贡献的华中师范大学信息管理学院研究生王仪雯、梁远亮、朱宸良、郭洋、涂瑞德、刁斐、李玥澎、周一夫、李瑶、魏温静、谢荣等。接受本课题研究访谈和问卷调查的专家和学者，也为本书研究成果的实现奠定坚实基础，在此表示由衷的感谢！

  虚拟学术社区是一个发展和变化很快的领域，本书对该领域国内外最新的研究进展还难以完全把握，加之作者学识有限，书中难免有疏漏之处，敬请广大专家学者和读者批评指正，以便今后的修订与补充！

谭春辉

2021 年 12 月 30 日于武汉桂子山

目　　录

第1章　绪论 ·· 1
第2章　虚拟学术社区推动科研人员合作的制度文本分析 ················· 5
　2.1　制度文本环境的重要性 ··· 6
　2.2　虚拟学术社区制度文本分析框架 ·· 7
　　2.2.1　X维度：政策工具类型维度 ··· 7
　　2.2.2　Y维度：科研合作过程维度 ··· 9
　　2.2.3　二维分析框架图的构建 ·· 10
　2.3　国内外虚拟学术社区制度文本的选取与编码 ··························· 10
　　2.3.1　国内外虚拟学术社区制度文本选取 ··································· 10
　　2.3.2　国内外虚拟学术社区制度文本编码 ··································· 11
　2.4　国内外虚拟学术社区制度文本的量化分析 ······························ 12
　　2.4.1　国内制度文本的量化分析 ··· 12
　　2.4.2　国外制度文本的量化分析 ··· 15
　　2.4.3　国内外虚拟学术社区制度文本的差异 ································ 19
　2.5　国内虚拟学术社区规章制度的优化 ·· 20
　　2.5.1　政策工具结构的协调 ··· 20
　　2.5.2　科研合作过程的匹配 ··· 21
　　2.5.3　协同应用效能的提升 ··· 21
　　2.5.4　社区用户认同的增强 ··· 22
　2.6　本章小结 ··· 22
第3章　虚拟学术社区中科研人员合作行为的博弈选择 ··················· 23
　3.1　基于成员角色视角的虚拟学术社区中科研人员合作行为博弈选择 ······ 24
　　3.1.1　虚拟科研团队成员角色 ·· 24
　　3.1.2　合作演化博弈模型的基本假设 ··· 25
　　3.1.3　科研团队成员合作博弈收益矩阵 ······································ 26
　　3.1.4　自我角色倾向型成员演化博弈模型分析 ···························· 26
　　3.1.5　关系角色倾向型成员演化博弈模型分析 ···························· 28
　　3.1.6　任务角色倾向型成员演化博弈模型分析 ···························· 30
　　3.1.7　模型的均衡状态 ··· 32
　　3.1.8　模型的指导意义 ··· 32

3.1.9　基于三方博弈模型的建议 33
　3.2　基于生命周期视角的虚拟学术社区中科研人员合作行为博弈选择 35
　　3.2.1　虚拟学术社区的生命周期 35
　　3.2.2　合作博弈模型的基本假设 35
　　3.2.3　虚拟学术社区参与主体A和参与主体B的博弈模型 37
　　3.2.4　虚拟学术社区参与主体A和参与主体B的博弈分析 38
　　3.2.5　虚拟学术社区参与主体A和参与主体B的博弈结论 40
　　3.2.6　基于生命周期理论的科研合作模式选择 40
　3.3　本章小结 43

第4章　科研人员持续使用虚拟学术社区意愿的影响因素 45
　4.1　研究目的 46
　4.2　相关研究 46
　4.3　理论基础与研究假设 48
　　4.3.1　使用与满足理论 48
　　4.3.2　创新扩散理论 49
　　4.3.3　社会影响理论 50
　4.4　问卷设计与数据收集 51
　　4.4.1　问卷设计 51
　　4.4.2　数据收集 52
　4.5　数据分析及结果 54
　　4.5.1　信度分析 54
　　4.5.2　效度分析 55
　　4.5.3　模型检验 57
　4.6　本章小结 58
　　4.6.1　研究结论 58
　　4.6.2　研究价值 59

第5章　影响虚拟学术社区中科研人员信息搜寻的组态路径 61
　5.1　研究目的 62
　5.2　相关研究 62
　5.3　研究设计 63
　　5.3.1　研究方法 63
　　5.3.2　变量界定 64
　5.4　数据收集 65
　　5.4.1　量表设计 65
　　5.4.2　数据获取 66
　　5.4.3　信度效度检验 67

	5.5 实证分析	69
	5.5.1 数据校准	69
	5.5.2 单因素必要条件分析	70
	5.5.3 组态分析	71
	5.5.4 稳健性检验	73
	5.6 本章小结	75
	5.6.1 研究结论	75
	5.6.2 研究启示	75
第6章	影响虚拟学术社区中科研人员合作信任的组态路径	77
	6.1 研究目的	78
	6.2 相关研究	79
	6.2.1 关于人际信任的研究	79
	6.2.2 关于虚拟学术社区人际信任的研究	79
	6.3 研究设计	80
	6.3.1 研究框架	80
	6.3.2 研究方法	81
	6.3.3 理论基础与变量设计	81
	6.3.4 数据收集与预处理	82
	6.4 实证分析	84
	6.4.1 单项前因条件必要性分析	84
	6.4.2 fsQCA 组态分析	84
	6.4.3 稳健性检验	85
	6.5 本章小结	86
	6.5.1 研究结论	86
	6.5.2 研究启示	87
第7章	影响虚拟学术社区中科研人员合作行为的组态路径	91
	7.1 研究目的	92
	7.2 影响因素组态分析模型	93
	7.2.1 理论背景	93
	7.2.2 影响因素选取	94
	7.2.3 影响因素组态分析模型构建	97
	7.3 研究方法与数据	97
	7.3.1 研究方法	97
	7.3.2 问卷与量表设计	98
	7.3.3 数据获取	99
	7.3.4 信效度分析	99

7.4 基于 fsQCA 的实证研究 ·················· 100
7.4.1 数据校准 ·················· 100
7.4.2 必要条件检测 ·················· 101
7.4.3 真值表构建 ·················· 101
7.4.4 条件组态结果 ·················· 102
7.5 本章小结 ·················· 103
7.5.1 研究结论 ·················· 103
7.5.2 研究启示 ·················· 104

第 8 章 虚拟学术社区中科研人员合作行为的稳定性 ·················· 105
8.1 科研合作的本质 ·················· 106
8.2 虚拟学术社区科研合作共生要素分析 ·················· 107
8.2.1 虚拟学术社区科研合作共生单元 ·················· 107
8.2.2 虚拟学术社区科研合作共生模式 ·················· 107
8.2.3 虚拟学术社区科研合作共生环境 ·················· 109
8.3 虚拟学术社区科研合作共生模型构建及稳定性分析 ·················· 109
8.3.1 逻辑斯谛模型的引入 ·················· 109
8.3.2 模型假设 ·················· 110
8.3.3 虚拟学术社区科研合作共生模型 ·················· 110
8.3.4 虚拟学术社区科研合作共生稳定性分析 ·················· 118
8.4 虚拟学术社区科研合作共生稳定性模型的仿真分析 ·················· 119
8.4.1 非对称性互惠共生稳定性模型的仿真分析 ·················· 119
8.4.2 对称性互惠共生稳定性模型的仿真分析 ·················· 121
8.5 虚拟学术社区科研合作共生稳定性发展对策和建议 ·················· 123
8.5.1 共生单元维度的对策和建议 ·················· 123
8.5.2 共生模式维度的对策和建议 ·················· 123
8.5.3 共生环境维度的对策和建议 ·················· 124
8.6 本章小结 ·················· 124

第 9 章 虚拟学术社区中科研人员合作行为的保障机制 ·················· 125
9.1 虚拟学术社区中科研人员合作存在的问题及成因 ·················· 126
9.1.1 科研人员合作实践中存在的问题 ·················· 126
9.1.2 科研人员合作实践中存在问题的成因 ·················· 127
9.2 虚拟学术社区中科研人员合作的利益协同机制 ·················· 128
9.2.1 相关概念界定 ·················· 128
9.2.2 利益相关者的利益诉求 ·················· 130
9.2.3 利益相关者的权力-利益关系 ·················· 133
9.2.4 利益相关者的主体行为协同 ·················· 136

9.3 虚拟学术社区中科研人员合作的激励机制 ·········· 139
9.3.1 激励机制的重要性 ·········· 139
9.3.2 科研人员合作演化博弈模型的基本假设 ·········· 140
9.3.3 基于激励机制的科研人员合作演化博弈分析 ·········· 140
9.3.4 基于激励机制的虚拟学术社区中科研人员合作促进策略 ·········· 145

9.4 虚拟学术社区中科研人员合作的声誉机制 ·········· 147
9.4.1 声誉机制的重要性 ·········· 147
9.4.2 科研人员合作 KMRW 声誉模型的基本假设 ·········· 147
9.4.3 基于 KMRW 声誉模型的虚拟学术社区中科研人员合作博弈分析 ·········· 149
9.4.4 基于声誉机制的虚拟学术社区中科研人员合作促进策略 ·········· 155

9.5 虚拟学术社区中科研人员合作的需求满足机制 ·········· 157
9.5.1 需求满足机制的重要性 ·········· 157
9.5.2 Kano 模型挖掘虚拟学术社区科研人员需求的可行性 ·········· 157
9.5.3 基于 Kano 模型的虚拟学术社区中科研人员需求的界定 ·········· 159
9.5.4 基于需求满足机制的虚拟学术社区中科研人员合作促进策略 ·········· 160

9.6 本章小结 ·········· 163

参考文献 ·········· 165

第1章 >>>

绪 论

20世纪后期，人类社会进入全球化、后工业化的历史进程，由此带来的是社会结构的日益复杂和不确定性程度的迅速增长。人类在过去几个世纪里所形成的认知范式和行为范式遇到了极大的挑战，开放而复杂的社会结构推动了人类社会打破旧的社会运行框架，并建立起新的社会运行体系，其中一个重要特征便是人类活动逐步由个体走向合作。合作包含分工与协作两个维度，合作关系发端于工业社会劳动分工的进一步加剧以及知识经济时代的到来，合作行为促进了个体间和组织间的优势互补，并广泛存在于人类社会的群体活动以及工业生产中，成为人类社会生活的基本形态。

"社区"一词最早是由德国社会学家斐迪南·滕尼斯（Ferdinand Tonnies）提出的，德语"gemeinschaft"最初是为了表达人们在特定环境中的密切关系。到20世纪20年代，美国学者将其译为"community"，随后，中国学者又将英文译为"社区"[1]。虚拟社区这一概念，由美国学者霍华德·瑞恩高德（Howard Rheingold）在1993年首次提出。他认为虚拟社区是指"一群有某种程度共识、通过计算机网络进行沟通、分享知识和信息的相互关怀的用户形成的团体"[2]。对虚拟学术社区（virtual academic community）的定义众说纷纭，包括学术网络社区（academic network community）、学术论坛（academic forum）、知识社区（knowledge community）等。虚拟学术社区既具有其存在的普遍性，又具有学术交流的特殊性和严肃性，是具有共同理想和信仰自愿结合的一群人组合在一起进行思想的碰撞和交流，从而形成了无形的知识资产。虚拟学术社区为科研人员的在线交流提供了一个平台，用户之间具有复杂的传播网络，网络结构和特征、用户角色和用户情感都对知识交流有重要影响，具体表现为以下几个方面。

（1）虚拟学术社区在科研交流中的地位进一步提升。《中华人民共和国国民经济和社会发展第十三个五年规划纲要》提出要"以科技创新为核心，以人才发展为支撑""强化科技创新引领作用"[3]；党的十九大报告再次强调"加快建设创新型国家""加强国家创新体系建设"。在这一时代背景下，科学研究的活力与效力成为其中的关键，成为科技创新的重要途径。随着网络技术的发展和普及，互联网已经逐渐成为人们参与社会活动的一个重要平台，催生了人们在信息获取、交互、利用等方面的巨大转变，也引起了科研人员在知识共享、知识交流、知识合作、知识创新等方面的革命性变革。在此背景下，虚拟学术社区应运而生，并以其虚拟性、开放性、跨时空性、自组织性、知识密集性等特点，在科研交流与合作等方面正发挥越来越重要的作用。虚拟学术社区基于Web2.0技术，用户可以自主登录、浏览、上传和下载各类信息和资源，并且可以就某一科研问题展开广泛的讨论与交流。虚拟学术社区中海量的知识资源，以学科或者主题进行聚类，该社区在知识资源的传递、扩散以及跨学科的流动方面，具有无可比拟的优势。用户基于虚拟学术社区的信息行为，随着该社区功能的日益完善而不断发展演进，由浅层次交流逐步发展为深层次合作。

（2）以用户为中心的网络社群逐步形成。据中国互联网络信息中心（China Internet Network Information Center，CNNIC）2021年2月份发布的第47次《中国互联网络发展状况统计报告》显示：截至2020年12月，我国网民规模达9.89亿，较2020年3月增长8 540万，互联网普及率达70.4%。我国手机网民规模达9.86亿，较2020年3月增长8 885万，网民中使用手机上网的比例高达99.7%[4]。基础设施的不断完善以及网络的泛在接入，推动用户规模稳定增长。越来越多的用户通过网络平台参与各项社会活动，如网络娱乐、网络教育、网络理财、网络社交等，进而形成一个个以用户和用户关系为基础的基于用户兴趣自组织而成的网络社群。网络社群基于平台及其底层技术，表现形式包括BBS、微信社群、公众号、APP等。在Web1.0环境下，社群中信息和知识的产生及流转由平台管理者主导并受其影响，知识利用效率低，无法进行有效资源整合及产出；在Web2.0环境下，用户通过社群中的交互活动形成一定的社会网络关系，信息及知识的流转变为主要基于用户的社会网络关系及网络核心节点。科研学术领域的网络社群具备多样化的表现形式，如学术BBS、学术微信公众号、学术APP、学术问答社区、学术微博等。用户在社群中以网状联结，对于网络属性及规律的把握，有助于了解社群中用户的行为规律。

（3）合作创新成为驱动经济社会转型升级的重要推手。2018年9月15日中国科学院中国现代化研究中心发布的《中国现代化报告 2018：产业结构现代化研究》中提出，从产业结构角度看，我国目前基本属于一个工业经济国家，在2050年前后，完成向知识经济的转型，建成知识经济强国和现代化产业体系[5]。知识经济是建立在知识和信息的生产、分配和使用上的经济。教育和科学研究是实现知识经济社会的重要渠道，科研组织是知识创新的核心主体。科研人员及科研组织之间的交叉融合、深入合作，能推动知识创新及经济社会的转型升级。知识经济和信息经济高度关联，信息产生于人类社会及自然世界，信息只有通过与人类认知相结合，才能产生新知识。随着专业化分工的进一步加深以及信息技术的推动，企业、高校、科研组织等面临的创新环境错综复杂，资源的去中心化特点使得单个组织难以完成复杂的科学研究及科技创新活动，对其他组织和主体的依赖程度和合作需求越发强烈。科研主体通过广泛地建立合作关系、构建合作网络，实现人才、技术、知识、技能等科研要素的高效流动，以及资金、设备、仪器、场所等科研资源的充分共享。从微观上看，科研合作能促进全社会范围内科研共同体的形成以及知识的有效流动；从宏观上看，科研合作是实现重大科技问题的突破，促进经济社会发展的重要保障。

虚拟学术社区即时性的学术交流不仅为学者自身了解学科发展、学科热点提供了更为快捷的获取方式，而且极大地加强了不同学科之间的交流，虚拟学术社区逐渐成为跨学科、跨领域合作的主流平台。现如今科学网、人大经济论坛、丁香园、ResearchGate、Mendeley等虚拟学术社区逐渐成熟和完善，吸引了众多的科研工作者参与其中，成为科研人员学术交流的重要场所。在虚拟学术社区平台中，不同学科、不同机构、不同地域之间的科研合作已然成为现实，科研工作者在这里不仅可以与志同道合的科研伙伴进行交流，更能与学科领军人等学术前辈进行交流学习，提升科研能力，创造科研成果。针对虚拟学术社区中的科研人员合作行为，大致可以划分为显性科研合作与隐性科研合作。显性科研合作是指科研人员借助虚拟学术社区就学术研究、技术研发等展开讨论与协作，在知识交流与共享的基础上，产生有据可查的、联合署名的知识产权成果；隐性科研合作是指科研人员借助虚拟学术社区就学术研究、技术研发等展开讨论与协作，虽然没有产生有据可查的、联合署名的知识产权成果，但由于实现了知识交流与共享，对学术研究、技术研发等具有启发与帮助作用。可以说，隐性科研合作是显性科研合作的前提，显性科研合作是隐性科研合作的结果，而知识传递与共享是虚拟学术社区科研人员开展合作的基础。虚拟学术社区的健康长远发展需要稳定的学术交流、科研合作等行为的输出作为支撑，因此，本书针对虚拟学术社区中科研人员合作机制进行研究，以期为虚拟学术社区的建设以及促进科研合作提出针对性建议，使虚拟学术社区更好地为科研工作者服务；以期对虚拟学术社区平台促进用户科研合作提供理论依据和实践指导。

第 2 章

虚拟学术社区推动科研人员合作的制度文本分析

2.1 制度文本环境的重要性

随着科学技术快速发展和学科领域不断扩展，科研合作已然成为学界主流的科研方式。虚拟学术社区即时性的学术交流不仅为学者自身了解学科发展、学科热点提供了更为快捷的获取方式，而且极大地加强了不同学科之间的交流。因此，虚拟学术社区逐渐成为跨学科、跨领域合作的主流平台。虚拟学术社区科研合作区别于传统的科研合作形式，是依托于网络媒介、学术研究人员或者科研团体，为促进科研成果产生和知识创造而进行的学术交流、知识交互、研究合作等的科研活动。虚拟学术社区中的科研合作，在形式上不仅表现为以产生科研成果为目的的显性科研合作，更多地表现为以问题求助、问题研讨等知识交流与共享为目的的隐性科研合作。

科研人员或科研机构之间的合作，虽然在很大程度上是一种自发行为，但同样离不开制度的规约，良好的制度是推进科研合作的保障。刘新梅等[6]基于利益分配的合作进化模型，描述了科研合作制度的进化，并建议引入市场机制和加强法律保障。王冬梅[7]认为科学基金制度在推进基础科研合作和营造良好合作环境方面具有突出效用。王燕华[8]运用"结构-环境-行动者"的分析视角，分析了大学科研合作制度，并通过研究证实课题制及其配套政策在规范科研行为、促进科研交流与合作、激励科研竞争意识与创新潜能等方面都起到了良好的引导和规制作用。

虽然虚拟学术社区已成为学术研究人员聚集的平台，但由于其开放性、虚拟性等特点，科研合作多属于一种松散的、临时的形态，更离不开虚拟学术社区平台出台的相关规章制度的约束。Matzat[9]认为，虚拟研究社区的互动和行为模式与社区制度有关，制度可以加强社区成员规范，促进成员为在线讨论作出贡献，并培养合作行为。Hercheui[10]指出，虚拟社区行为和治理的规则和规范是创建和维护网络群体的必要条件。虚拟学术社区促进科研合作规章制度的完备性与合理性，有利于学术研究人员或机构维系长期合作伙伴关系，而在虚拟学术社区中长期合作伙伴关系对科研绩效更加有利。由于科技环境、学术环境和制度环境上的差异，国内虚拟学术社区相比于国外虚拟学术社区而言，在促进虚拟学术社区中科研合作的规章制度建设上存在着差距，在基于虚拟学术社区的科研合作实际绩效上，也存在着差距。那么，很有必要对国内外虚拟学术社区规章制度进行比较分析，从中汲取国外有益的经验和做法，用于完善国内虚拟学术社区规章制度，让虚拟学术社区在科研合作、学术交流中发挥更大的作用。

政策工具是实现一个或者更多政策目标的一种手段，是政策治理主体之间的互动。现有很多研究均以政策工具作为分析的视角，将其应用于多个领域的政策文本计量分析[11-12]。虽然虚拟学术社区规章制度不能与行政机构制定的政策制度相提并论，但也是实现虚拟学术社区运营目标的手段与保障，具有约束性、权威性和稳定性等特点，因此，利用政策工具对国内外虚拟学术社区规章制度进行对比分析,不只是一种可行的方法。从政策工具的角度,对国内外虚拟学术社区制度文本进行量化分析,既拓展了政策工具的应用领域,也为国内外虚拟学术社区规章制度的完善提供了方法论的指导。

本节将基于内容分析法的原理,利用 NVivo 软件,对整理得到的 136 份国内外虚拟学术社区制度文本进行质性研究,从政策工具类型与科研合作过程两个维度分别对这些制度文本进行比较分析,从而得出优化虚拟学术社区规章制度的建议,这对借鉴国外虚拟学术社区促进科研合作的先进经验,优化我国虚拟学术社区制度体系具有较大的参考价值。

2.2 虚拟学术社区制度文本分析框架

2.2.1 X 维度:政策工具类型维度

关于政策工具的类型,不同的学者根据不同的角度进行了探讨与研究。基于政府参与公共事务的直接性程度,陈恒钧等[13]将政策工具分为直接型工具、间接型工具、基础型工具和引导型工具。基于政府部门介入公共物品与服务提供的程度,Howlett 等[14]把政策工具分为自愿型政策工具、混合型政策工具和强制型政策工具。基于政策工具的使用方式,顾建光等[15]将政策工具分为管制类政策工具、激励类政策工具和信息传递类政策工具。基于政策工具的影响,Rothwell 等[16]将政策工具分为供给型政策工具、环境型政策工具和需求型政策工具。

虚拟学术社区本质上属于公共场所(社区),其制度规范与公共管理具有共同之处,陈恒钧等[13]对公共事务政策工具的分类在国内具有代表性,因此借鉴他们对政策工具的分类方法,结合国内外虚拟学术社区规章制度的实际情况来确定政策工具。基于此,国内外虚拟学术社区制度文本中所采用的政策工具主要由 4 类、15 个政策工具组成(表 2.1),将其作为分析框架的 X 维度。

表 2.1 虚拟学术社区制度文本的政策工具分类及解释

类别	政策工具	定义
直接型	社会管制	虚拟学术社区平台借助行政手段来保障科研合作、人员交流和知识共享,如本协议的订立、执行和解释及争议的解决均应适用中国法律并受中国法院管辖
	经济管制	虚拟学术社区利用经济手段对影响用户间知识共享和科研交流的行为所施加的某种限制和约束,如因用户违反有关法律、法规或平台协议项下的任何条款而给平台或任何其他第三人造成损失,违规用户需要承担由此造成的损害赔偿责任
	矫正式税收	为了矫正给虚拟学术社区平台及平台其他用户的利益造成损失的不良经济活动而课征的税收

续表

类别	政策工具	定义
直接型	规费罚款	对从事虚拟学术社区活动违规的用户采取经济处罚，如小木虫论坛对初次出现且认错态度良好的"马甲行为"，扣除马甲违规所得全部金币，并各扣除 0~50 金币作为惩罚
间接型	签订契约	平台为了保护用户的知识产权、合法权益和平台用户之间共同签署的契约，如平台规定用户在权利通知中要加入如下关于通知内容真实性的声明："我保证，本通知中所述信息是充分、真实、准确的，如果本权利通知内容不完全属实，本人将承担由此产生的一切法律责任"
	政府保险	虚拟学术社区平台为了规避风险所引入的责任机制，如平台规定本隐私声明所涉及的网站不期望未成年用户，尤其是 13 岁以下的用户。13 岁至 17 岁的未成年人必须在父母或法定监护人的允许下才能在我们的网站上订阅杂志
	使用许可	虚拟学术社区平台对用户在进行知识共享过程中一些不当行为的禁止，如平台不允许任何侮辱、诽谤、诋毁、谩骂、威胁、人身攻击等言论，一旦出现将予以删除。同时，对于版主和管理员没有发现的违规帖，欢迎举报，一经查实，平台会立即删除
基础型	公共服务	提供促进虚拟学术社区平台用户间科研交流、科研合作和知识共享必需的基础设施，如为了向用户提供更好的服务，平台会在用户自愿选择服务或提供信息的情况下自动存储注册信息，如用户注册账号时所提供的姓名、手机号码、电子邮箱、账号名称等个人信息
	法规制定	制定促进虚拟学术社区用户合作及知识共享的规章制度，如平台对侵犯用户权利的第三方提出警告、投诉，发起行政执法、诉讼，进行上诉或谈判和解
	标准规范制定	为了保证虚拟学术社区的平稳发展，并创建和谐的技术交流空间，用来规范帖子内容的相关规定，如删除包含商业广告行为的帖子
	虚拟学术社区制度建设	健全虚拟学术社区制度建设，如平台不允许任何第三方以任何手段收集、编辑、出售或者无偿传播用户的个人信息。任何用户如从事上述活动，一经发现，我们有权立即终止与该用户的服务协议
	责任归属	明确虚拟学术社区平台及其用户的责任义务，如用户明确同意其使用平台网络服务所存在的风险将完全由其自己承担；因其使用平台网络服务而产生的一切后果也由其自己承担，平台对用户不承担任何责任
引导型	公共信息	支持虚拟学术社区平台用户账号信息的正常注册、登录及密码信息的提交修改，如论坛近期异地登录需要进行手机验证
	宣传教育	通过教育、训练来培育提升虚拟学术社区平台的用户参与科研交流和知识共享的知识水平和能力
	奖赏鼓励	虚拟学术社区平台对用户创作及分享内容的欣赏和鼓励，如平台推出了相应的金币及积分奖励措施

虚拟学术社区制度文本中的直接型政策工具是指虚拟学术社区平台在科研合作的过程中扮演主导者角色，进行科研合作所需的产品、服务及规范制度都由平台提供，很少有非营利组织和企业参与其中。直接型政策工具主要包括社会管制、经济管制、矫正式税收、规费罚款四个方面。此类政策工具的优点是效果比较明显，但也存在弹性小、执行成本大的缺点。

虚拟学术社区制度文本中的间接型政策工具是指虚拟学术社区平台在科研合作的过

程中扮演领航者角色,规范科研交流和知识共享所需的产品、服务及规范制度都由平台提供,或者由企业、非营利组织提供,也可能由公私合作共同提供。间接型政策工具包括签订契约、政府保险、使用许可三个方面。此类政策工具的优点是能有效降低平台的支出,弹性较大,但也存在效果不突出的缺点。

虚拟学术社区制度文本中的基础型政策工具是指虚拟学术社区平台在科研合作、人员交流的过程中扮演协助者角色,通过应用该类工具来协助平台本身或企业、非营利组织达成科研合作的目标。基础型政策工具是平台为用户的发展创造基础性的条件,所提供的产品和服务也是科研合作、知识共享最终实现的基石,它包括公共服务、法规制定、标准规范制定、虚拟学术社区制度建设、责任归属五个方面。

虚拟学术社区制度文本中的引导型政策工具是指平台在科研合作的过程中主要扮演催生者的角色,不直接涉及最终产品或服务的提供。引导型政策工具包括公共信息、宣传教育、奖赏鼓励三个方面。此类政策工具的优点是具有弹性,但也存在约束力不强的缺点。

2.2.2　Y 维度:科研合作过程维度

政策工具类型维度可以对虚拟学术社区制度文本的一般特征进行描述,但难以显示制度目的。在此基础上结合虚拟学术社区中的科研合作过程类型,可以对虚拟学术社区制度文本做出更有针对性的分析。

国内外学者对科研合作过程的划分已有了一定研究。Sonnenwald[17]从时间维度将科研合作过程划分为合作创建、合作形成、合作保持、合作收尾四个阶段,是一种将复杂合作过程简单而有效的划分方法,较好地突出了合作各阶段的特征、嵌入其中的因素、主要内容等。彭锐等[18]将产学研合作创新网络的发展划分为三个阶段:单部门单链合作阶段、跨部门单链合作阶段、复合部门多链合作阶段。宗凡等[19]将我国高校与外资研发机构科研合作模式演进过程划分为四个阶段,即信息探索阶段、正式合作网络构建阶段、产业合作网络构建阶段、多重合作网络构建阶段。曾粤亮等[20]将跨学科科研合作的运行分为合作团队组建、合作实施、合作产出三个阶段。

借鉴 Sonnenwald 对科研合作过程的划分视角,将虚拟学术社区中科研合作过程划分为合作创建、合作形成、合作保持、合作收尾四个部分。

合理完善的虚拟学术社区制度体系要求内部要素完整、结构合理,并能进行科研合作的全过程管理。为达到分析效果整体效应最佳,我们将科研合作过程的四个阶段作为虚拟学术社区制度文本分析框架的 Y 维度。

2.2.3 二维分析框架图的构建

基于上述分析，构建虚拟学术社区制度文本的二维分析框架，如图 2.1 所示。

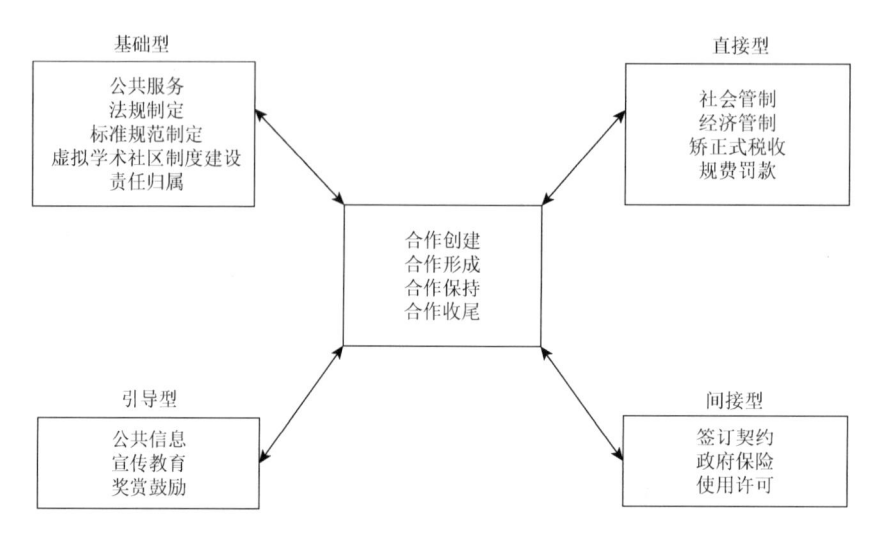

```
        基础型                                      直接型
   ┌─────────────┐                            ┌─────────────┐
   │  公共服务    │                            │  社会管制    │
   │  法规制定    │                            │  经济管制    │
   │  标准规范制定│  ──→  ┌─────────┐  ←──    │  矫正式税收  │
   │虚拟学术社区  │       │合作创建  │          │  规费罚款    │
   │制度建设      │       │合作形成  │          │              │
   │  责任归属    │       │合作保持  │          │              │
   └─────────────┘       │合作收尾  │          └─────────────┘
                         └─────────┘
        引导型              ↑    ↑               间接型
   ┌─────────────┐                            ┌─────────────┐
   │  公共信息    │                            │  签订契约    │
   │  宣传教育    │                            │  政府保险    │
   │  奖赏鼓励    │                            │  使用许可    │
   └─────────────┘                            └─────────────┘
```

图 2.1 虚拟学术社区制度文本的二维分析框架

2.3 国内外虚拟学术社区制度文本的选取与编码

2.3.1 国内外虚拟学术社区制度文本选取

国内与国外分别选取 6 个虚拟学术社区平台，一共选取了 12 个平台作为制度文本的来源。通过对各个虚拟学术社区的官网进行浏览，从中找出各虚拟学术社区官网的规章制度，其中从国内的 6 个虚拟学术社区共获得 73 份制度文本（每 1 个单独的规章制度文件作为 1 份制度文本），从国外的 6 个虚拟学术社区共获得 63 份制度文本。需要说明的是，各大虚拟学术社区网站对规章制度的公开程度和适用对象有差异，这也导致不同虚拟学术社区规章制度的选取存在一定差异。以国内为例①：CSDN 网站在"站务专区"栏目中专设"社区公告""下载问题反馈专区""微博问题反馈专区"子栏目，内容包括论坛行为规则、论坛言论规则、论坛管理规则、版主制度等，这些成为制度文本的来源；在丁香园网站"丁香园规章制度版规章制度"栏目中选取制度文本，内容包括公告、制度、注意、重要通知等；选取小木虫网站"论坛事务区-规章制度"栏目中公开的广告宣传规则、版主

---
① 检索 CSDN 网站时间为 2019 年 8 月 9 日。

特别规定、版主奖励、版主升职、版主红线、版主管理等条款。国内外虚拟学术社区选取的制度文本情况如表 2.2 所示。

表 2.2　国内外虚拟学术社区选取的制度文本情况

国内平台名称	文本数量	国外平台名称	文本数量
21IC 电子网	6	Academia.edu	12
CSDN	9	Chemical Forums	8
答魔科研	4	Mendeley	10
丁香园	28	Physics Forums	9
科学网	10	ResearchGate	13
小木虫	16	The Science Advisory Board	11
合计	73	合计	63

2.3.2　国内外虚拟学术社区制度文本编码

1. 国内虚拟学术社区制度文本编码

将 73 份国内虚拟学术社区的相关制度文本导入 NVivo 软件，对所有相关条款进行检索和编码（表 2.3），共获得 691 个参考点、203 个节点。具体操作如下：对导入的 73 份政策文本中的内容逐字逐句地进行编码，同一类型的内容会被编码到相同的节点，不同类型的内容会被编码到新创建的节点，将一级节点进行归纳得出二级节点，二级节点再归纳得出三级节点。

表 2.3　国内虚拟学术社区制度文本编码示例

政策工具类型	科研合作过程	文本内容描述	文本来源
公共服务	合作保持	鉴于网络服务的特殊性，用户同意 21IC 有权不经事先通知，随时变更、中断或终止部分或全部的网络服务（包括收费网络服务）。21IC 不担保网络服务不会中断，对网络服务的及时性、安全性、准确性也都不做担保	21IC 电子网
法规制定	合作创建	本服务条款的任何条款无论因何种原因无效或不具可执行性，其余条款仍有效，对 CSDN 经营者及用户具有约束力	CSDN
政府保险	合作形成	用户在答魔发表的内容仅表明其个人的立场和观点，并不代表答魔的立场或观点。作为内容的发表者，需自行对所发表内容负责，因所发表内容引发的一切纠纷，由该内容的发表者承担全部法律及连带责任	答魔科研

2. 国外虚拟学术社区制度文本编码

将 63 份国外虚拟学术社区的相关制度文本导入 NVivo 软件，对所有相关条款进行检索和编码（表 2.4），共获得 1 155 个参考点、326 个节点。

表 2.4　国外虚拟学术社区制度文本编码示例

政策工具类型	科研合作过程	文本内容描述	文本来源
公共服务	合作收尾	If you have any questions about our privacy practices, this Privacy Policy, or how to lodge a complaint with the appropriate authority, please contact us at: privacy@academia.edu	Academia.edu
法规制定	合作形成	In accordance with applicable law, we have a repeat infringer policy that provides for the disabling of a member's uploading rights or termination of their membership in appropriate circumstances	ResearchGate
政府保险	合作创建	The site and services are intended solely for persons who are 13 years of age or older. Any access to or use of the site or services by anyone under the age of 13 is expressly prohibited. By accessing or using the site or services you represent and warrant that you are 13 years of age or older	Academia.edu

2.4　国内外虚拟学术社区制度文本的量化分析

2.4.1　国内制度文本的量化分析

1. 政策工具类型维度的量化分析

对 NVivo 软件分析出的 203 个节点、691 个参考点，经过编码，国内虚拟学术社区制度文本中使用的政策工具一共可划分为 15 种、4 大类型，如表 2.5 所示。

表 2.5　国内虚拟学术社区制度文本政策工具分类结果

名称		参考点数量	名称		参考点数量	名称		参考点数量	名称		参考点数量
直接型政策工具	社会管制	35	间接型政策工具	签订契约	82	基础型政策工具	公共服务	124	引导型政策工具	公共信息	96
	经济管制	13		政府保险	20		法规制定	56		奖赏鼓励	54
	矫正式税收	7		使用许可	20		标准规范制定	92		宣传教育	16
	规费罚款	8		—	—		虚拟学术社区制度建设	53		—	—
	—	—		—	—		责任归属	15		—	—
合计		63	合计		122	合计		340	合计		166

利用 NVivo 软件编码之后，通过各个编码点的内容分析，形成国内虚拟学术社区制度文本政策工具的频次占比分布的统计结果（图 2.2）。从图 2.2 可以看出，国内虚拟学术社区制度文本在政策工具上的分布差异化比较明显，其中占比超过 10%的只有四种政策工具，分别是使用最频繁的公共服务、公共信息、标准规范制定和签订契约，四者合计占比为 57.03%。法规制定、奖赏鼓励、虚拟学术社区制度建设和社会管制政策工具紧随其

后，分别占 8.10%、7.81%、7.67% 和 5.07%。其余的政策工具占比都在 5% 以下，其中矫正式税收政策工具占比则刚过 1%。

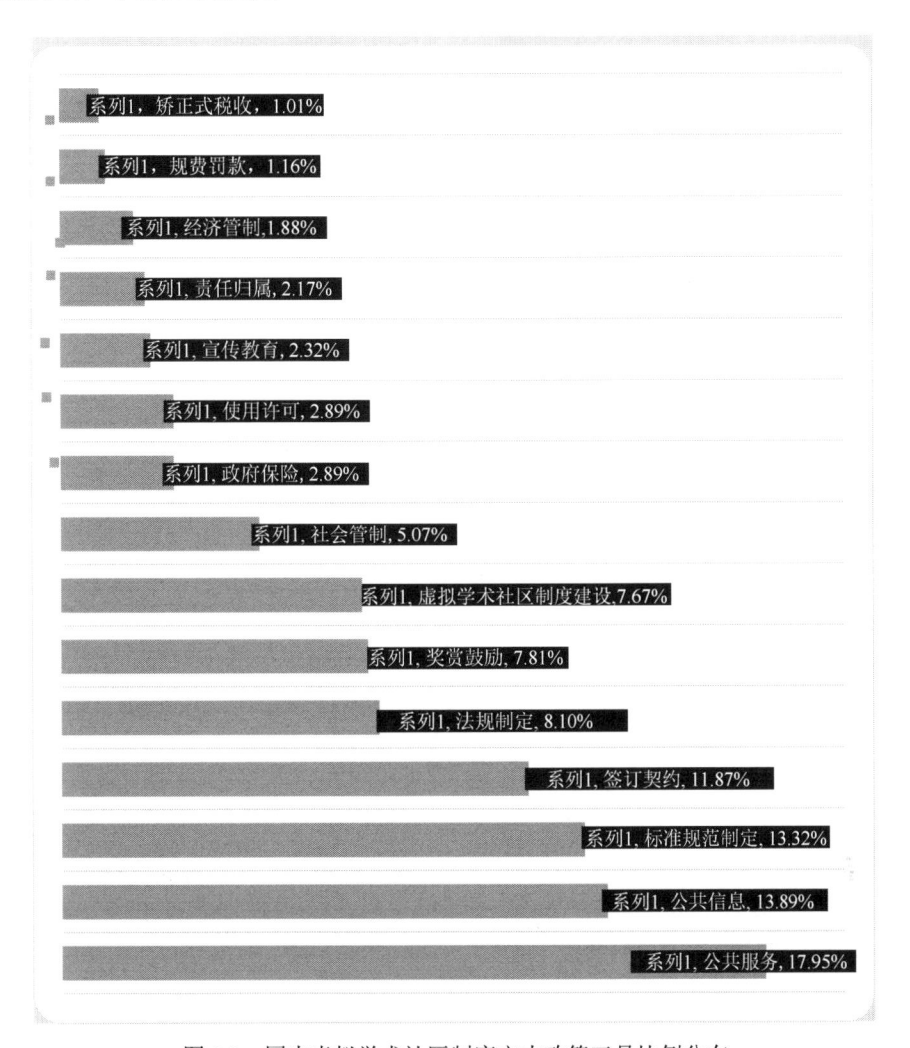

图 2.2　国内虚拟学术社区制度文本政策工具比例分布

15 种政策工具包括了 203 个节点，不同编码点使用的频率也各不相同。借助 NVivo 软件中特有的层级图表可以更直观地看到 15 种政策工具内部编码点的分布状况（图 2.3）。

2. 科研合作过程维度的量化分析

对 NVivo 软件分析出的 203 个节点、691 个参考点，经过编码，国内虚拟学术社区制度文本涉及科研合作的全过程，其中：关于合作形成阶段的参考点 311 个，占比为 45.01%；关于合作保持阶段的参考点 163 个，占比为 23.59%；关于合作创建阶段的参考点 140 个，占比为 20.26%；关于合作收尾阶段的参考点 77 个，占比为 11.14%。借助 NVivo 软件中特有的层级图可以更直观地看到其内部编码点的分布状况（图 2.4）。

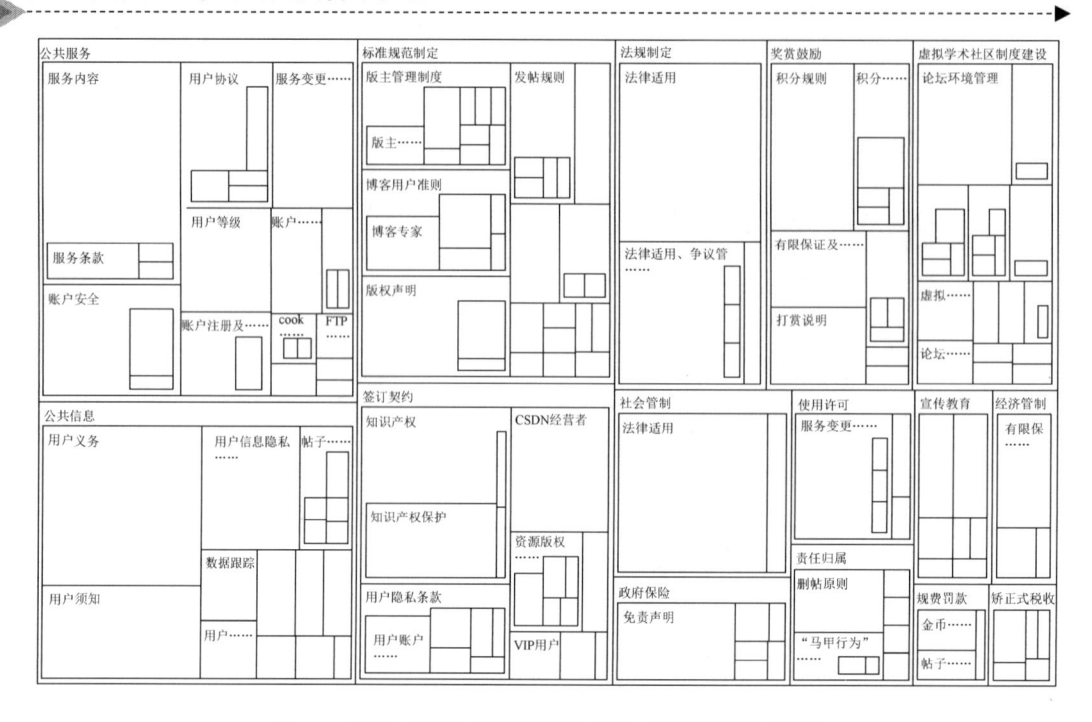

图 2.3　国内虚拟学术社区制度政策工具层级图表示例

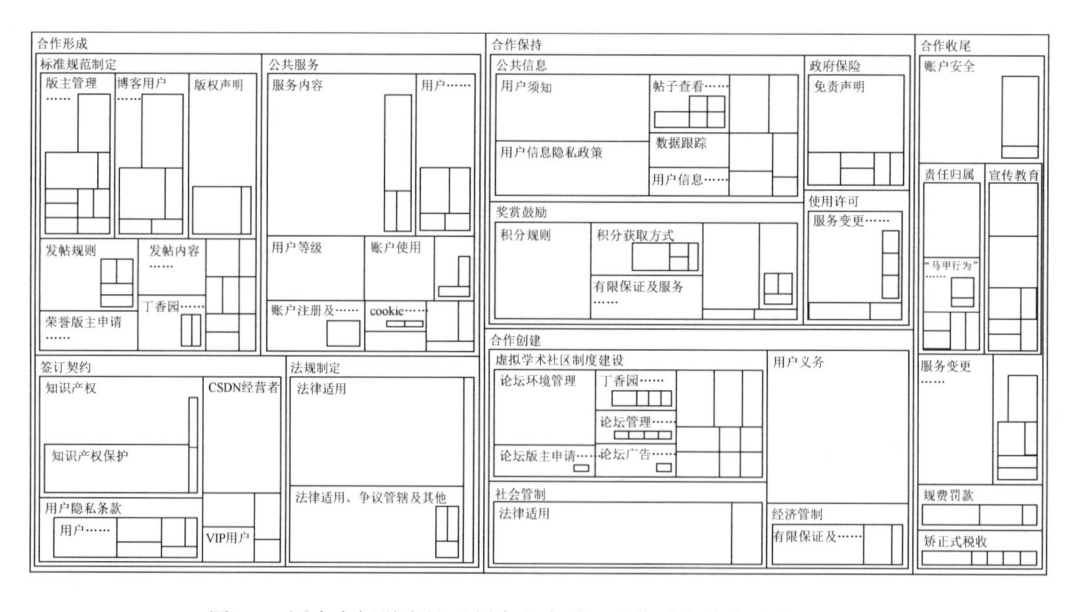

图 2.4　国内虚拟学术社区制度文本科研合作过程维度分布层级图

3. 制度文本的二维分布

对国内虚拟学术社区制度文本的政策工具类型维度和科研合作过程维度进行交叉分析，得出国内虚拟学术社区制度文本的二维分布表，如表 2.6 所示（表中整数为参考点数量,百分数为占比)。从表 2.6 可以看出:合作形成阶段与合作收尾阶段的参考点均涵盖了 X 维度中的 15 种政策工具,但两者还是有显著差异,合作形成阶段与 15 种政策工具是强结合(占比为 45.01%),表明国内虚拟学术社区制度文本对科研合作形成阶段的重视,各种政策工具均较充分使用;合作收尾阶段与 15 种政策工具是弱结合(占比为 11.14%),表明国内虚拟学术社区制度文本对科研合作收尾阶段的重视程度还远远不够。

表 2.6 国内虚拟学术社区制度文本的二维分布

政策工具	合作创建	合作形成	合作保持	合作收尾	小计
公共服务	19	75	27	3	124(17.95%)
公共信息	18	31	32	15	96(13.89%)
标准规范制定	2	76	8	6	92(13.32%)
签订契约	48	13	19	2	82(11.87%)
法规制定	12	33	6	5	56(8.10%)
奖赏鼓励	6	6	36	6	54(7.81%)
虚拟学术社区制度建设	7	32	8	6	53(7.67%)
社会管制	9	19	6	1	35(5.07%)
政府保险	3	10	4	3	20(2.89%)
使用许可	15	3	0	2	20(2.89%)
宣传教育	0	2	1	13	16(2.32%)
责任归属	0	6	2	7	15(2.17%)
经济管制	1	2	7	3	13(1.88%)
规费罚款	0	1	4	3	8(1.16%)
矫正式税收	0	2	3	2	7(1.01%)
小计	140(20.26%)	311(45.01%)	163(23.59%)	77(11.14%)	691(100%)

2.4.2 国外制度文本的量化分析

1. 政策工具类型维度的量化分析

对 NVivo 软件分析出的 326 个节点、1 155 个参考点,经过编码,国外虚拟学术社区制度文本中使用的政策工具一共可划分为 15 种、4 大类型,如表 2.7 所示。

表 2.7 国外虚拟学术社区制度文本政策工具分类结果

名称		参考点数量	名称		参考点数量	名称		参考点数量	名称		参考点数量
直接型政策工具	社会管制	125	间接型政策工具	签订契约	74	基础型政策工具	公共服务	89	引导型政策工具	公共信息	120
	经济管制	100		政府保险	64		法规制定	86		奖赏鼓励	60
	矫正式税收	43		使用许可	58		标准规范制定	78		宣传教育	74
	规费罚款	37		—	—		虚拟学术社区制度建设	79		—	—
	—	—					责任归属	68			
合计		305	合计		196	合计		400	合计		254

利用 NVivo 软件编码之后，通过各个编码点的内容分析，形成国外虚拟学术社区制度文本政策工具的频次占比分布的统计结果（图 2.5）。国外虚拟学术社区制度文本在政策工具上的分布差异化不是很大，没有国内的明显，大多数政策工具的占比都是十分接近的。其中：占比超过 10%的只有社会管制和公共信息两种政策工具，分别是 10.82%和

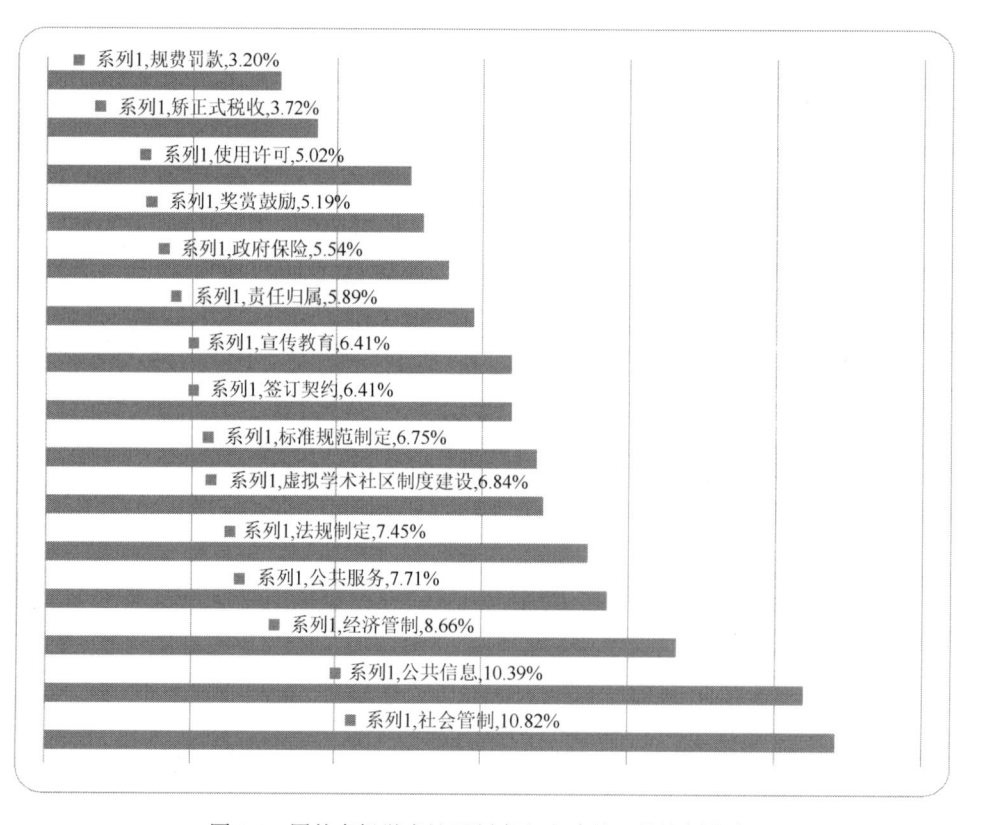

- 系列1,规费罚款,3.20%
- 系列1,矫正式税收,3.72%
- 系列1,使用许可,5.02%
- 系列1,奖赏鼓励,5.19%
- 系列1,政府保险,5.54%
- 系列1,责任归属,5.89%
- 系列1,宣传教育,6.41%
- 系列1,签订契约,6.41%
- 系列1,标准规范制定,6.75%
- 系列1,虚拟学术社区制度建设,6.84%
- 系列1,法规制定,7.45%
- 系列1,公共服务,7.71%
- 系列1,经济管制,8.66%
- 系列1,公共信息,10.39%
- 系列1,社会管制,10.82%

图 2.5 国外虚拟学术社区制度文本政策工具比例分布

10.39%；占比低于 5%的只有规费罚款和矫正式税收两种政策工具，分别是 3.20%和 3.72%；其余的政策工具的占比都在 5%~10%。国外虚拟学术社区制度政策工具层级图表示例如图 2.6 所示。

图 2.6　国外虚拟学术社区制度政策工具层级图表示例

虚拟学术社区制度建设由于占比较小，受篇幅限制，NVivo 软件没有呈现出来

2. 科研合作过程维度的量化分析

对 NVivo 软件分析出的 326 个节点、1155 个参考点，经过编码，国外虚拟学术社区制度文本涉及科研合作的全过程，其中：关于合作创建阶段的参考点 332 个，占比为 28.75%；关于合作形成阶段的参考点 259 个，占比为 22.42%；关于合作保持阶段的参考点 327 个，占比为 28.31%；关于合作收尾阶段的参考点 237 个，占比为 20.52%。可见，国外虚拟学术社区制度文本涉及科研合作过程的分布差异化不大，比较均衡。借助 NVivo 软件中特有的层级图可以更直观地看到其内部编码点的分布状况（图 2.7）。

3. 制度文本的二维分布

对国外虚拟学术社区制度文本的政策工具类型维度和科研合作过程维度进行交叉分析，得到国外虚拟学术社区制度文本的二维分布表，如表 2.8 所示（表中整数为参考点数量，百分数为占比）。从表 2.8 可以看出，国外虚拟学术社区制度文本在政策工具类型维度与科研合作过程维度的分布比较均衡，各种政策工具均与科研合作过程的四个阶段有交集，这也表明，国外虚拟学术社区在制定规章制度时，将科研合作过程各阶段都视为同等重要。

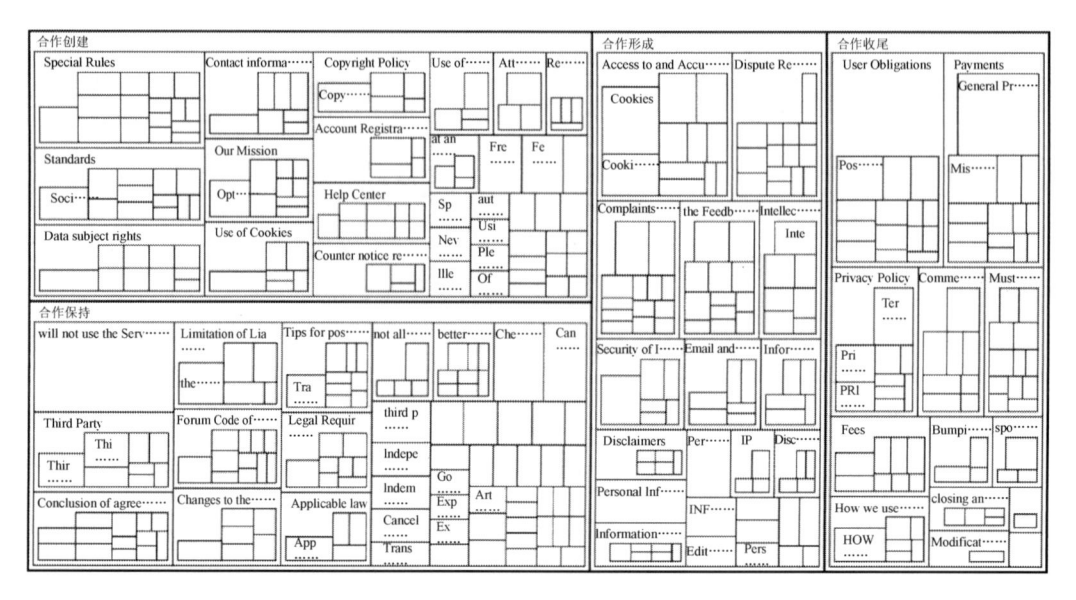

图 2.7　国外虚拟学术社区制度文本科研合作过程维度分布层级图

表 2.8　国外虚拟学术社区制度文本的二维分布

政策工具	合作创建	合作形成	合作保持	合作收尾	小计
社会管制	45	15	35	30	125（10.82%）
公共信息	32	22	42	24	120（10.39%）
经济管制	23	26	30	21	100（8.66%）
公共服务	28	12	14	35	89（7.71%）
法规制定	26	18	31	11	86（7.45%）
虚拟学术社区制度建设	29	16	27	7	79（6.84%）
标准规范制定	18	23	19	18	78（6.75%）
签订契约	26	13	21	14	74（6.41%）
宣传教育	20	15	27	12	74（6.41%）
责任归属	26	13	23	6	68（5.89%）
政府保险	15	32	12	5	64（5.54%）
奖赏鼓励	5	25	21	9	60（5.19%）
使用许可	12	16	13	17	58（5.02%）
矫正式税收	15	7	6	15	43（3.72%）
规费罚款	12	6	6	13	37（3.20%）
小计	332（28.75%）	259（22.42%）	327（28.31%）	237（20.52%）	1155（100%）

2.4.3 国内外虚拟学术社区制度文本的差异

1. 政策工具类型维度的分布差异

国内虚拟学术社区制度文本在政策工具上的分布差异比较明显,而国外虚拟学术社区制度文本在政策工具上的分布差异化却没有国内的明显。就国内虚拟学术社区而言,首先,四类基本政策工具分布不均衡,基础型政策工具占比为49.21%,引导型政策工具占比为24.02%,间接型政策工具占比为17.65%,直接型政策工具占比仅为9.12%,直接型、间接型和引导型这三大政策工具的使用频率与基础型政策工具的使用频率仍然存在着较大的差距;其次,在四大基本政策工具内部中也依然存在着结构不合理的问题。例如:在基础型政策工具的使用中,公共服务政策工具占比为17.95%,但是法规制定政策工具占比仅为8.10%;在直接型政策工具的使用中,社会管制政策工具占比为5.07%,但是经济管制政策工具、规费罚款政策工具、矫正式税收政策工具的占比都很少,分别是1.88%、1.16%、1.01%,可以看出它们之间的差距还是很大的。而相比于国内,首先,国外虚拟学术社区制度文本中的基础型政策工具占比为34.64%,直接型政策工具占比为26.40%,引导型政策工具占比为21.99%,占比最少的间接型政策工具也有16.97%,这说明国外虚拟学术社区对直接型政策工具的重视程度比国内的要高;其次,国外虚拟学术社区制度文本中的四大基本政策工具内部结构比国内的要更加合理,这15种政策工具的占比都在3%~11%,国外政策工具之间的差距没有国内的大。总体而言,国外虚拟学术社区所制定的制度文本在政策工具维度比国内的要更加科学合理,对虚拟学术社区科研合作从规章制度上进行全方位的约束、支持与保障。

2. 科研合作过程维度的分布差异

国内虚拟学术社区制度文本在科研合作过程维度上的分布总体虽然不如政策工具那样不均衡,但与国外虚拟学术社区制度文本相比,还是有差距。从表2.6可以看出,制度文本中关于合作形成阶段的参考点占比为45.01%,比合作收尾阶段参考点的占比(11.14%)高出约34%,参考点数量之差为234,四个阶段参考点的均值为172.75;而表2.8则表明,制度文本中参考点占比最高的合作创建阶段(28.75%)比占比最低的合作收尾阶段(20.52%)仅高出约8%,参考点数量之差为95,四个阶段参考点的均值为288.75。这说明我国虚拟学术社区只重视科研合作形成阶段的相关规章制度,对合作创建阶段、合作保持阶段、合作收尾阶段的重视程度还不够,很容易因为规章制度约束不到位而使得虚拟学术社区中科研合作半途而废。

3. 二维分布的差异

在科研合作过程维度与政策工具类型维度的搭配应用上，国内与国外也存在着显著差异，国外虚拟学术社区制度文本的搭配应用更均衡与合理。从表 2.6 可以看出，国内虚拟学术社区制度文本所涉及的 15 种政策工具，虽然实现了与科研合作形成阶段、科研合作收尾阶段的全覆盖，但具体政策工具的应用还是存在很大差异。科研合作形成阶段对应的政策工具中，应用最多的是标准规范制定政策工具（参考点为 76），其次为公共服务政策工具（参考点为 75），应用最少的是规费罚款政策工具（参考点为 1），最多与最少政策工具参考点之差为 75；科研合作收尾阶段所对应的政策工具中，应用最多的是公共信息政策工具（参考点为 15），其次为宣传教育政策工具（参考点为 13），应用最少的是社会管制政策工具（参考点为 1），最多与最少政策工具参考点之差为 14。科研合作保持阶段的参考点没有与间接型政策工具中的使用许可政策工具相结合；科研合作创建阶段的参考点没有与直接型政策工具中的规费罚款政策工具和矫正式税收政策工具、基础型政策工具中的责任归属政策工具以及引导型政策工具中的宣传教育政策工具相结合。从表 2.7 可以看出，国外虚拟学术社区制度文本所涉及的 15 种政策工具，均实现了与科研合作过程四个阶段的全覆盖，搭配应用比较合理，且参考点的数量也比较均衡，无论是每一行的最大值与最小值之差，还是每一列的最大值与最小值之差，均远小于表 2.6 中每一行、每一列的最大值与最小值之差。

2.5 国内虚拟学术社区规章制度的优化

从上述对虚拟学术社区制度文本的量化分析可知，相比于国外虚拟学术社区，国内虚拟学术社区制度文本在政策工具类型维度、科研合作过程维度的分布都不均衡，这在很大程度上将影响虚拟学术社区中科研合作的开展与绩效。基于本书的视角，国内虚拟学术社区平台在优化规章制度时，可以从以下角度来优化。

2.5.1 政策工具结构的协调

国内虚拟学术社区平台在制定规章制度时，应发挥各种政策工具的特点，考虑政策工具的不同特性，在重视基础型政策工具的同时，也需要关注直接型政策工具、间接型政策工具和引导型政策工具，尤其是直接型政策工具。国内虚拟学术社区平台制度文本大多是使用公共服务和标准规范制定等基础性程度较高的政策工具以及公共信息这种引导型政策工具，对于直接型政策工具中的经济管制、矫正式税收、规费罚款政策工具以及间接型政策工具中的政府保险和使用许可政策工具则使用得较少，这不利于推进虚拟学术社区内的科研合作、用户交流和知识共享。基础型程度较高的政策工具只能在虚拟学术社区平台层面产生较大效用，而促进虚拟学术社区用户之间的交流，让更多的用户在虚拟学术社区平台上共享知识，提升社会成员对虚拟学术社区平台的重视程度，这些都需要直接型政策工具和间接型政策工具的共同参与。虚拟学术社区平台还应当提升奖赏鼓励、使用许可、宣传教育和签订契约等政策工具在虚拟学术社区制度文本中的比重，这有利于政策工具结构更加合理，充分发挥政策工具的价值，例如以奖赏鼓励政策工具来激发在虚拟学术社区平台交流合作中表现优秀的组织和个人的工作热情，鼓励他们更积极地上传资料，帮助他人解答疑惑，积极与其他用户共享知识。

2.5.2　科研合作过程的匹配

科研合作过程的四个阶段，都离不开虚拟学术社区平台规章制度的保驾护航。国内虚拟学术社区平台在优化规章制度时要注重在内容上与科研合作过程搭配合理，提高对合作创建、合作保持、合作收尾这三个阶段的重视程度（尤其是合作收尾阶段），实现与虚拟学术社区中科研合作过程的匹配相对合理。合作收尾阶段对提升虚拟学术社区用户的满意度，从而激励他们积极参与社区的知识共享与科研合作是具有显著正向影响的，但其参考点占比仅有 11.14%，是所有要素中最少的，与国外还是存在着一定的差距。国外虚拟学术社区在制定规章制度时，很重视为用户提供满意的服务，来提高用户对科研合作效果的正面反馈，提升合作收尾阶段在科研合作过程中的重视程度，促使虚拟学术社区成员更积极地交流和共享知识，使科研合作成为平台的一种常态。

2.5.3　协同应用效能的提升

虚拟学术社区制度文本中涉及的每一项政策工具都有特定的调节对象，有着各自的功能、效果、时间、范围和依存条件。虚拟学术社区平台在选择具体的政策工具来促进科研合作时，出现了过于倚重个别政策工具的现象，如基础型政策工具中的公共服务政策工具和标准规范制定政策工具、引导型政策工具中的公共信息政策工具以及间接型政策工具中的签订契约政策工具，它们的占比已经超过其他所有政策工具的总和。因此，虚拟学术社区平台应进一步协调不同政策工具的使用比例，降低基础型政策工具的使用比例，增加直接型政策工具、间接型政策工具和引导型政策工具的使用比例，更好地发挥四大类政策工具的协同作用，从而更好地促进虚拟学术社区科研合作制度的完善。以本章选取的国内主流虚拟学术社区"丁香园"平台发布的制度为例，"丁香园"发布的制度涉及方面较为广泛，但部分制度实用性并不强，没有为用户提供实质性的帮助。例如：在用户资源访问方面，"丁香园"论坛存在部分加密帖，"丁香园"规定用户需获得一定积分才有权限访问；在用户积分获取方面，用户需发布原创性的知识经验、发起或参与病例讨论、作为版主参与版务管理工作等方面的活动才能获得积分；在用户文章、知识经验评定方面，"丁香园"积分评定采用"版主"人工给分，"版主"管理群体虽有各专业领域的青年才俊，有的还是副教授和硕士导师，但仍然难免存在一定的主观性。"丁香园"发布的此类规章制度，对于社区内的知识流动、科研合作而言，在一定程度上成为阻碍因素，理应修正。

2.5.4 社区用户认同的增强

当前，互联网企业平台在运营前都需依法申请合法网络域名并在中华人民共和国工业和信息化部和公安机关备案，并需要获得相应的《网络文化经营许可证》，在运营的过程中要遵守国家相关法律法规。虚拟学术社区作为网络平台，制定本平台的相关管理规章制度，要着力提升其实质效力，增强社区用户的认同感。一方面，虚拟学术社区的规章制度，必须在《中华人民共和国网络安全法》《互联网著作权行政保护办法》《中华人民共和国计算机信息系统安全保护条例》等法律法规的框架下制定，相关规定不能与上位法冲突；另一方面，虚拟学术社区在自主运营平台建设过程中，可以多向同行学习借鉴先进管理经验、模式，在国家互联网信息办公室、中央网络安全和信息化委员会办公室、国家市场监督管理总局、工业和信息化部等部门的监管下，并在符合《互联网上网服务营业场所管理条例》《互联网群组信息服务管理规定》的前提下，在虚拟学术社区管理机构与虚拟学术社区成员的共同认可下，制定操作性更好、效力更强的规章制度。此外，虚拟学术社区应多利用宣传教育政策工具、公共信息政策工具、奖赏鼓励政策工具对虚拟学术社区成员进行教育、引导，加强他们对虚拟学术社区规章制度的认同，提高他们遵守虚拟学术社区规章制度的自觉性，共同维护虚拟学术社区规章制度的权威性。

2.6 本章小结

虚拟学术社区已逐渐成为学术交流与合作的新兴平台，拓宽了学者们科研合作的渠道，而合理与完备的规章制度则是虚拟学术社区中科研合作得以持续的重要保障。本章从政策工具的视角，在对国内外典型的虚拟学术社区制度文本进行量化比较的基础上，提出了国内虚拟学术社区平台规章制度优化的思路，希冀能为加强虚拟学术社区建设、推进虚拟学术社区中科研合作提供借鉴与参考。

第 3 章 >>>

虚拟学术社区中科研人员合作行为的博弈选择

3.1 基于成员角色视角的虚拟学术社区中科研人员合作行为博弈选择

3.1.1 虚拟科研团队成员角色

随着网络技术的发展，互联网已经成为人们生活的重要组成部分，网络改变了人们互相交流与沟通的方式。虚拟学术社区的出现，不仅满足了网络环境下科研人员学术交流的需求，而且也是对传统学术交流模式的补充和发展，逐渐成为科研人员分享信息和知识交流的重要平台。许多学者在虚拟学术社区中通过搜寻、获取和贡献专业知识，从而满足科研需求，随着成员组织规模的不断扩大，出现了一种新的科研组织形式——虚拟科研团队。与传统的实体科研团队合作相比，虚拟学术社区科研团队成员合作是基于相应的虚拟学术社区、围绕一个共同的科研目标而成立的临时性科研团队，其组织相对不稳定，成员会随时发生变动，且成员的参与程度也各不相同。因此，虚拟学术社区科研团队的成功取决于团队成员科研合作的频率和强度[21]。

在虚拟学术社区中，通过成立虚拟科研团队，能够有效降低科研合作成本，提高科研人员合作的概率，有利于知识的沟通和交流，促进虚拟学术社区健康发展。但是，虚拟学术社区科研团队的绩效受到"人的因素"的影响，并且由于不同的成员在虚拟科研团队中的角色的不同，"人的因素"也存在很大的差异性。管理学的相关理论表明，针对不同团队角色的人员要采用不同的管理策略，以提升团队整体绩效。因此，研究虚拟科研团队成员在虚拟科研团队中的行为角色，对提升虚拟学术社区科研合作绩效十分重要。

Kelly 等[22]提出了团队成员的三维角色理论模型，即团队成员的"三维角色"（three-dimensional roles, TDR）水平，主要包括任务角色（task-oriented role）倾向、关系角色（relations-oriented role）倾向和自我角色（self-oriented role）倾向三个水平。其中，任务角色倾向型成员主要负责促进和协调与工作任务相关的决策工作，关系角色倾向型成员主要负责围绕着建立以团队为中心的感情和社交往来的关系，自我角色倾向型成员主要扮演以自我为中心，牺牲团队利益为代价来追求个人利益的角色[23]。由于团队中各成员之间不同的生活环境、个性特征及文化背景等的差异，团队成员的选择存在一定的差异，从而会影响到团队其他参与者的行为和团队整体绩效，且团队参与者的行为方式会随着团体发展的进程和一定的外部条件的变化而变化。而虚拟学术社区科研团队成员正符合这些特性，所以本小节采用企业团队成员"三维角色"水平的方法，将虚拟学术社区科研团队成员分为任务角色倾向型成员、关系角色倾向型成员和自我角色倾向型成员三种。在虚拟学术社区科研团队中，自我角色倾向型成员活动主要以获取科研成果为主，几乎不为虚拟学术社区其他成员提供知识，更不会参与虚拟学术社区中科研讨论和互动，甚至会损害团体其他成员的利益；关系角色倾向型成员起着增进科研人员间信任感和归属感、增强科研团队各成员间的联系、促进科研合作的顺利进行的作用；任务角色倾向型成员是发表帖子、贡献内容的主力军，在科研团队中起着决定性的作用。

3.1.2 合作演化博弈模型的基本假设

在虚拟学术社区科研团队成员合作博弈中，为方便接下来的研究，做以下假设。

假设1：将虚拟学术社区科研团队成员分为任务角色倾向型成员、关系角色倾向型成员和自我角色倾向型成员，构建虚拟科研团队合作演化博弈模型，参与主体具有相同的策略选择空间——参与虚拟科研团队合作或不参与虚拟科研团队合作，即三类参与主体的策略集合均为{参与，不参与}。

假设2：当自我角色倾向型成员选择参与虚拟科研团队合作时，可获得的收益为R_1；所需要付出的参与成本（如搜索成本、时间成本等）为C_1；当关系角色倾向型成员与任务角色倾向型成员不能形成团体合作时，自我角色倾向型成员也将承受其带来的悔恨、失望等心理损失M_1；自我角色倾向型成员是以自我为中心、以牺牲团队利益为代价，其参与虚拟科研团队会损害其他成员的利益，而只要虚拟学术社区中存在任务角色倾向型的人员，就存在着科研信息交流与知识共享，自我角色倾向型成员就会从中获利，因此假设只要任务角色倾向型成员参与虚拟科研团队合作，无论自我角色倾向型成员选择何种策略，都将享受其带来的收益N_1。

假设3：当关系角色倾向型成员选择参与虚拟科研团队合作时，可获得的收益为R_2；所需要付出的参与成本为C_2；当关系角色倾向型成员与任务角色倾向型成员都参与虚拟科研团队合作时，可获得的额外收益为V_2；若关系角色倾向型成员选择不参与策略，则需要付出声誉降低等损失M_{21}；关系角色倾向型成员主要围绕着建立以虚拟科研团队为中心的感情和社交往来关系，主要在虚拟学术社区中起交流沟通和营造和谐环境的作用，而有自我角色倾向型成员参与就不利于良好环境的形成，且会造成损失，因此假设关系角色倾向型成员选择参与策略，且在自我角色倾向型成员参与的情况下，则会遭受知识损失的风险M_{22}。

假设4：当任务角色倾向型成员选择参与虚拟科研团队合作时，可获得的收益为R_3；所需要付出的参与成本为C_3；当关系角色倾向型成员与任务角色倾向型成员都参与虚拟科研团队合作时，可获得的额外收益为V_3；若任务角色倾向型成员选择不参与策略，则需要付出声誉降低等损失M_{31}；任务角色倾向型成员起着促进和协调与工作任务相关的决策工作的作用，在虚拟学术社区中主要负责科研合作与知识共享，当把三类人员看作整体，通常是自我角色倾向型成员进行成果获取。在理想状态下，关系角色倾向型成员与任务角色倾向型成员不考虑彼此间的损失，因此，假设任务角色倾向型成员选择参与策略，且在自我角色倾向型成员参与的情况下，则会遭受知识损失的风险M_{32}。

假设 5：在博弈过程中，若自我角色倾向型成员选择"参与"的概率为 $x(0 \leqslant x \leqslant 1)$，则选择"不参与"的概率为 $1-x$；若关系角色倾向型成员选择"参与"的概率为 $y(0 \leqslant y \leqslant 1)$，则选择"不参与"的概率为 $1-y$；若任务角色倾向型成员选择"参与"的概率为 $z(0 \leqslant z \leqslant 1)$，则选择"不参与"的概率为 $1-z$。

3.1.3 科研团队成员合作博弈收益矩阵

根据以上假设，可以制作虚拟学术社区科研团队成员合作博弈收益矩阵，如表 3.1 所示。

表 3.1 自我角色倾向型-关系角色倾向型-任务角色倾向型成员合作博弈收益矩阵

策略组合	自我角色倾向型成员	关系角色倾向型成员	任务角色倾向型成员
（参与，参与，参与）	$R_1-C_1+N_1$	$R_2-C_2+V_2-M_{22}$	$R_3-C_3+V_3-M_{32}$
（参与，参与，不参与）	$R_1-C_1-M_1$	$R_2-C_2-M_{22}$	$-M_{31}$
（参与，不参与，参与）	$R_1-C_1-M_1+N_1$	$-M_{21}$	$R_3-C_3-M_{32}$
（参与，不参与，不参与）	$R_1-C_1-M_1$	$-M_{21}$	$-M_{31}$
（不参与，参与，参与）	N_1	$R_2-C_2+V_2$	$R_3-C_3+V_3$
（不参与，参与，不参与）	0	R_2-C_2	$-M_{31}$
（不参与，不参与，参与）	N_1	$-M_{21}$	R_3-C_3
（不参与，不参与，不参与）	0	$-M_{21}$	$-M_{31}$

3.1.4 自我角色倾向型成员演化博弈模型分析

用 U_{11} 和 U_{12} 表示自我角色倾向型成员"参与"和"不参与"虚拟学术社区科研团队合作的期望收益，用 $\bar{U}_1$ 表示自我角色倾向型成员的平均期望收益，可得

$$U_{11} = yz(R_1-C_1+N_1) + y(1-z)(R_1-C_1-M_1)$$
$$+ (1-y)z(R_1-C_1-M_1+N_1) + (1-y)(1-z)(R_1-C_1-M_1)$$
$$= yzM_1 + zN_1 + R_1 - C_1 - M_1$$
$$U_{12} = yzN_1 + (1-y)zN_1 = zN_1$$
$$\bar{U}_1 = xU_{11} + (1-x)U_{12} = xyzM_1 + xR_1 - xC_1 - xM_1 + zN_1$$

则自我角色倾向型成员参与虚拟学术社区科研团队合作的复制动态方程为

$$F(x) = \frac{\mathrm{d}x}{\mathrm{d}t} = x(U_{11} - \bar{U}_1) = x(1-x)(yzM_1 + R_1 - C_1 - M_1)$$

（1）当 $z = \dfrac{M_1+C_1-R_1}{yM_1}$（$0 \leqslant M_1+C_1-R_1$）时，$F(x) = 0$，这意味着所有的水平都是稳定状态，即对于任何的 x 值模型都是稳定的状态，此时无论自我角色倾向型成员选择"参与"与"不参与"比例如何，其策略都不会随时间发生改变[24]，如图 3.1 所示。

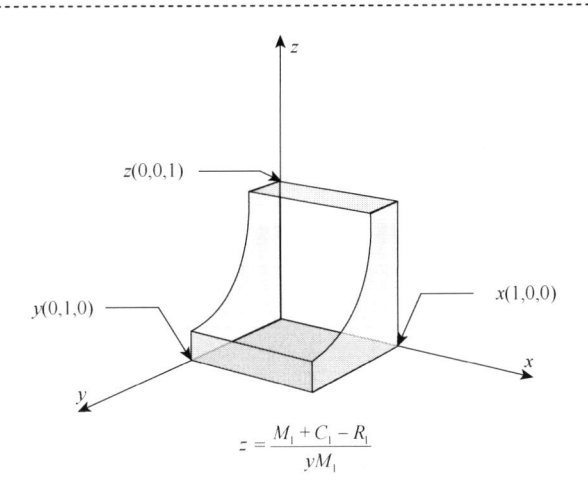

图 3.1 当 $z = \dfrac{M_1 + C_1 - R_1}{yM_1}$ 时，自我角色倾向型成员博弈行为趋势图

（2）当 $z \neq \dfrac{M_1 + C_1 - R_1}{yM_1}$（$0 \leqslant M_1 + C_1 - R_1$）时，令 $F(x) = 0$，得到 $x_1 = 0$ 和 $x_2 = 1$ 是两个稳定状态。对 $F(x)$ 求导可得

$$\dfrac{\mathrm{d}F(x)}{\mathrm{d}x} = (1 - 2x)(yzM_1 + R_1 - C_1 - M_1)$$

此时分两种情况，如下所示。

第一种情况：当 $0 \leqslant z < \dfrac{M_1 + C_1 - R_1}{yM_1}$，且 $0 \leqslant M_1 + C_1 - R_1$ 时，$\left.\dfrac{\mathrm{d}F(x)}{\mathrm{d}x}\right|_{x=1} > 0$，$\left.\dfrac{\mathrm{d}F(x)}{\mathrm{d}x}\right|_{x=0} < 0$，可以得到 $x = 0$ 是平衡点，此时自我角色倾向型成员不参与虚拟学术社区科研团队合作是演化稳定策略，如图 3.2 所示。

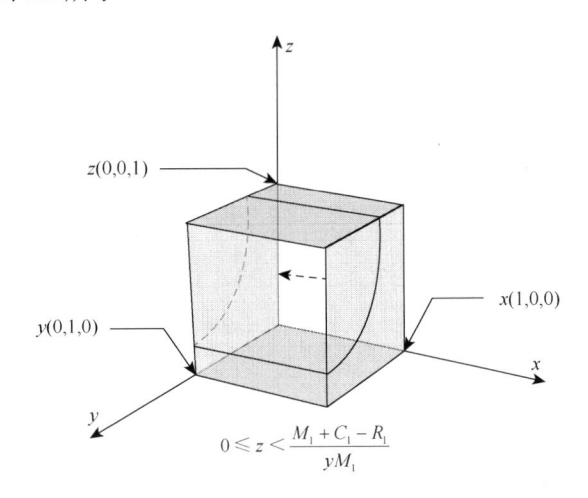

图 3.2 当 $0 \leqslant z < \dfrac{M_1 + C_1 - R_1}{yM_1}$ 时，自我角色倾向型成员博弈行为趋势图

第二种情况：当 $\frac{M_1+C_1-R_1}{yM_1} < z \leq 1$，且 $0 \leq M_1+C_1-R_1$ 时，$\left.\frac{\mathrm{d}F(x)}{\mathrm{d}x}\right|_{x=1} < 0$，$\left.\frac{\mathrm{d}F(x)}{\mathrm{d}x}\right|_{x=0} > 0$，可以得到 $x=1$ 是平衡点[25]，此时自我角色倾向型成员参与虚拟学术社区科研团队合作是演化稳定策略，如图3.3所示。

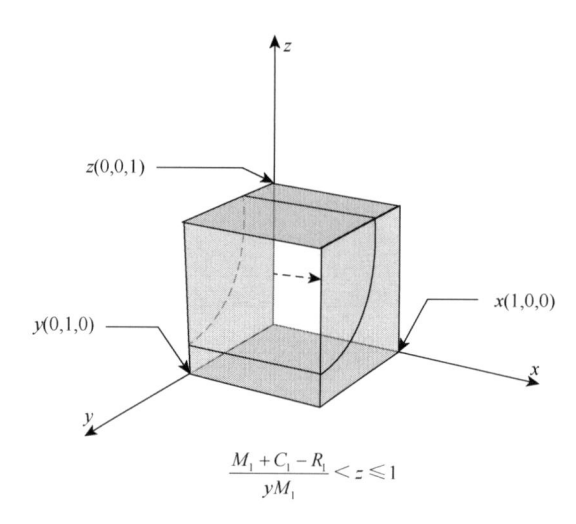

图3.3 当 $\frac{M_1+C_1-R_1}{yM_1} < z \leq 1$ 时，自我角色倾向型成员博弈行为趋势图

3.1.5 关系角色倾向型成员演化博弈模型分析

用 U_{21} 和 U_{22} 表示关系角色倾向型成员"参与"和"不参与"虚拟学术社区科研团队合作的期望收益，用 $\bar{U}_2$ 表示关系角色倾向型成员的平均期望收益，可得

$$U_{21} = xz(R_2-C_2+V_2-M_{22}) + x(1-z)(R_2-C_2-M_{22}) + (1-x)z(R_2-C_2+V_2)$$
$$+ (1-x)(1-z)(R_2-C_2) = zV_2 - xM_{22} + R_2 - C_2$$

$$U_{22} = xz(-M_{21}) + x(1-z)(-M_{21}) + (1-x)z(-M_{21}) + (1-x)(1-z)(-M_{21}) = -M_{21}$$

$$\bar{U}_2 = xU_{21} + (1-y)U_{22} = yzV_2 - xyM_{22} + yR_2 - yC_2 - M_{21} + yM_{21}$$

则关系角色倾向型成员参与虚拟学术社区科研团队合作的复制动态方程为

$$F(y) = \frac{\mathrm{d}y}{\mathrm{d}t} = y(U_{21}-\bar{U}_2) = y(1-y)(zV_2 - xM_{22} + R_2 - C_2 + M_{21})$$

（1）当 $x = \frac{zV_2+R_2-C_2+M_{21}}{M_{22}}$ 时，$F(y)=0$，这意味着所有的水平都是稳定状态，即对于任何的 y 值模型都是稳定的状态，此时无论任务角色倾向型成员选择"参与"与"不参与"的比例如何，其策略都不会随时间发生改变，如图3.4所示。

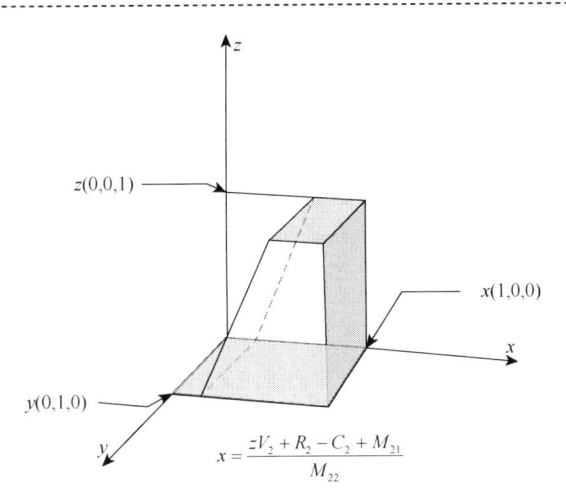

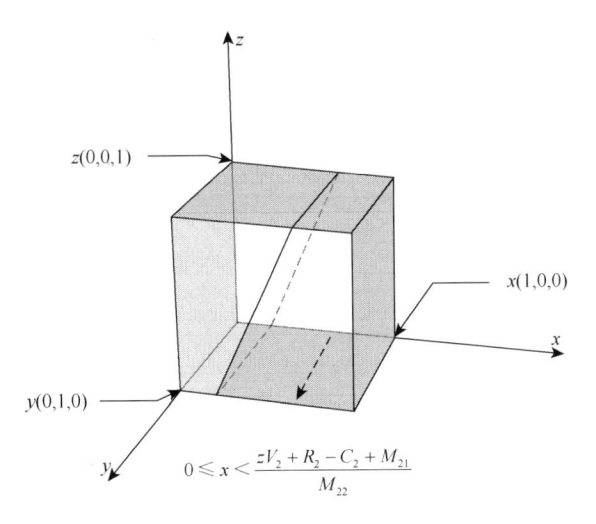

图 3.4 当 $x = \dfrac{zV_2 + R_2 - C_2 + M_{21}}{M_{22}}$ 时，关系角色倾向型成员博弈行为趋势图

（2）当 $x \neq \dfrac{zV_2 + R_2 - C_2 + M_{21}}{M_{22}}$ 时，令 $F(y) = 0$，得到 $y_1 = 0$ 和 $y_2 = 1$ 是两个稳定状态。对 $F(y)$ 求导可得

$$\dfrac{\mathrm{d}F(y)}{\mathrm{d}y} = (1 - 2y)(zV_2 - xM_{22} + R_2 - C_2 + M_{21})$$

此时分两种情况，如下所示。

第一种情况：当 $0 \leqslant x < \dfrac{zV_2 + R_2 - C_2 + M_{21}}{M_{22}}$ 时，$\left.\dfrac{\mathrm{d}F(y)}{\mathrm{d}y}\right|_{y=0} > 0$，$\left.\dfrac{\mathrm{d}F(y)}{\mathrm{d}y}\right|_{y=1} < 0$，可以得到 $y = 1$ 是平衡点，此时关系角色倾向型成员参与虚拟学术社区科研团队合作是演化稳定策略，如图 3.5 所示。

图 3.5 当 $0 \leqslant x < \dfrac{zV_2 + R_2 - C_2 + M_{21}}{M_{22}}$ 时，关系角色倾向型成员博弈行为趋势图

第二种情况：当 $\dfrac{zV_2 + R_2 - C_2 + M_{21}}{M_2} < x \leq 1$ 时，$\left.\dfrac{\mathrm{d}F(y)}{\mathrm{d}y}\right|_{y=0} < 0$，$\left.\dfrac{\mathrm{d}F(y)}{\mathrm{d}y}\right|_{y=1} > 0$，可以得到 $x = 0$ 是平衡点，此时关系角色倾向型成员不参与虚拟学术社区科研团队合作是演化稳定策略，如图 3.6 所示。

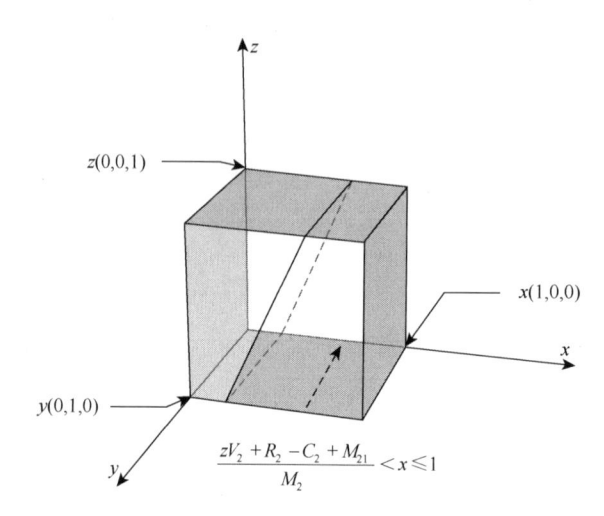

图 3.6　当 $\dfrac{zV_2 + R_2 - C_2 + M_{21}}{M_2} < x \leq 1$ 时，关系角色倾向型成员博弈行为趋势图

3.1.6　任务角色倾向型成员演化博弈模型分析

用 U_{31} 和 U_{32} 表示任务角色倾向型成员"参与"和"不参与"虚拟学术社区科研团队合作的期望收益，用 $\bar{U}_3$ 表示任务角色倾向型成员的平均期望收益，可得

$$U_{31} = xy(R_3 - C_3 + V_3 - M_{32}) + x(1-y)(R_3 - C_3 - M_{32}) + (1-x)y(R_3 - C_3 + V_3)$$
$$+ (1-x)(1-y)(R_3 - C_3) = yV_3 - xM_{32} + R_3 - C_3$$

$$U_{32} = xy(-M_{31}) + x(1-y)(-M_{31}) + (1-x)y(-M_{31}) + (1-x)(1-y)(-M_{31}) = -M_{31}$$

$$\bar{U}_3 = xU_{31} + (1-z)U_{32} = yzV_3 - xzM_{22} + zR_2 - zC_2 - M_{31} + zM_{31}$$

则任务角色倾向型成员参与虚拟学术社区科研团队合作的复制动态方程为

$$F(z) = \dfrac{\mathrm{d}z}{\mathrm{d}t} = z(U_{31} - \bar{U}_3) = z(1-z)(yV_3 - xM_{32} + R_3 - C_3 + M_{31})$$

（1）当 $y = \dfrac{xM_{32} + C_3 - R_3 - M_{31}}{V_3}$ 时，$F(z) = 0$，这意味着所有的水平都是稳定状态，即对于任何的 z 值模型都是稳定的状态，此时无论任务角色倾向型成员选择"参与"与"不参与"的比例如何，其策略都不会随时间发生改变，如图 3.7 所示。

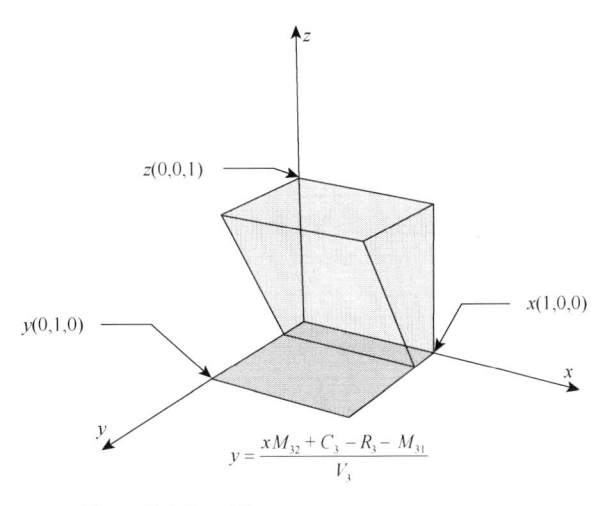

图 3.7　当 $y = \dfrac{xM_{32} + C_3 - R_3 - M_{31}}{V_3}$ 时，任务角色倾向型成员博弈行为趋势图

（2）当 $y \neq \dfrac{xM_{32} + C_3 - R_3 - M_{31}}{V_3}$ 时，令 $F(z) = 0$，得到 $z_1 = 0$ 和 $z_2 = 1$ 是两个稳定状态。对 $F(z)$ 求导可得

$$\dfrac{\mathrm{d}F(z)}{\mathrm{d}z} = (1 - 2z)(yV_3 - xM_{32} + R_3 - C_3 + M_{31})$$

此时分两种情况，如下所示。

第一种情况：当 $0 \leqslant y < \dfrac{xM_{32} + C_3 - R_3 - M_{31}}{V_3}$ 时，$\left.\dfrac{\mathrm{d}F(z)}{\mathrm{d}z}\right|_{z=0} < 0$，$\left.\dfrac{\mathrm{d}F(z)}{\mathrm{d}z}\right|_{z=1} > 0$，可以得到 $z = 0$ 是平衡点，此时任务角色倾向型成员不参与虚拟学术社区科研团队合作是演化稳定策略，如图 3.8 所示。

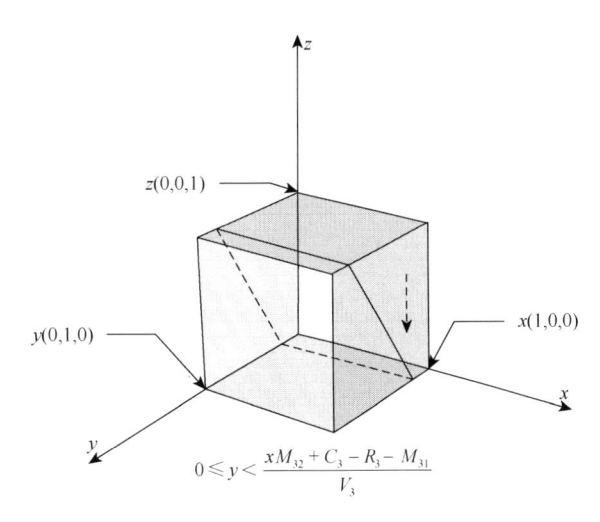

图 3.8　当 $0 \leqslant y < \dfrac{xM_{32} + C_3 - R_3 - M_{31}}{V_3}$ 时，任务角色倾向型成员博弈行为趋势图

第二种情况：当 $\dfrac{xM_{32}+C_3-R_3-M_{31}}{V_3}<y\leqslant 1$ 时，$\left.\dfrac{\mathrm{d}F(z)}{\mathrm{d}z}\right|_{z=0}>0$，$\left.\dfrac{\mathrm{d}F(z)}{\mathrm{d}z}\right|_{z=1}<0$，可以得到 $z=1$ 是平衡点，此时任务角色倾向型成员参与虚拟学术社区科研团队合作是演化稳定策略，如图3.9所示。

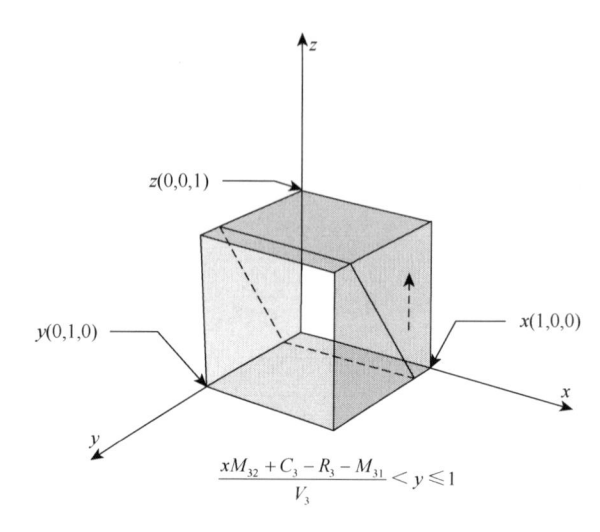

图3.9 当 $\dfrac{xM_{32}+C_3-R_3-M_{31}}{V_3}<y\leqslant 1$ 时，任务角色倾向型成员博弈行为趋势图

3.1.7 模型的均衡状态

通过分析可以发现，无论自我角色倾向型成员、关系角色倾向型成员、任务角色倾向型成员三者的初始状态落入图形的哪一部分，虚拟学术社区科研团队成员间的博弈并不会固定收敛于某个稳定策略集[26]。在虚拟学术社区科研团队的演化过程中，影响参与主体的策略选择因素有多种，一旦某个因素发生变化，就可能会引起其他参与主体策略选择发生改变，且参与主体间的行为相互作用、相互影响，这也是三类参与主体策略选择不断调整的原因所在。

3.1.8 模型的指导意义

（1）由自我角色倾向型成员演化博弈模型分析可知，当自我角色倾向型成员参与总成本减去自我角色倾向型成员参与收益之差与虚拟学术社区中不能形成科研合作团体失望等损失的比值大于任务角色倾向型成员参与概率时，x 趋向于0，即自我角色倾向型成员选择不参与。因此，虚拟学术社区可以增大自我角色倾向型成员参与成本 C_1 和不能形成合作给其带来的损失 M_1，或者减少参与的收益 R_1，此外，也要促使自我角色倾向型成员降低参与的概率，或者促使自我角色倾向型成员向关系角色倾向型成员或任务角色倾向型成员的转化。

（2）由关系角色倾向型成员演化博弈模型分析可知，当关系角色倾向型成员参与总收益与总成本之差与合作的风险等损失的比值大于自我角色倾向型成员参与的概率时，y 趋向于 1，即关系角色倾向型成员会选择参与。因此，虚拟学术社区可以通过降低自我角色倾向型成员参与概率，降低关系角色倾向型成员参与成本 C_2 和未形成合作给其带来的损失 M_{22}，提高额外收益 V_2，增加参与的收益 R_2 和不合作的声誉损失 M_{21} 等方式，促使关系角色倾向型成员提高参与的概率。

（3）由任务角色倾向型成员演化博弈模型分析可知，当关系角色倾向型成员参与总收益与不合作的损失之差与额外收益的比值小于关系角色倾向型成员参与的概率时，z 趋向于 1，即任务角色倾向型成员会选择参与。因此，虚拟学术社区可以通过提高任务角色倾向型成员参与概率，以及提高额外收益 V_3，降低任务角色倾向型成员参与成本 C_3 和未形成合作给其带来的损失 M_{32}，增加参与的收益 R_3 和不合作的声誉损失 M_{31} 等方式，促使任务角色倾向型成员提高参与的概率。

3.1.9 基于三方博弈模型的建议

本小节对虚拟学术社区科研团队成员的合作演化博弈过程进行分析，提出一些促进虚拟科研团队成员合作的建议。

1. 针对自我角色倾向型成员的建议

自我角色倾向型成员扮演着以自我为中心、以牺牲团队利益为代价来追求个人利益的角色，在虚拟学术社区的科研团队中，其活动主要以获取科研成果为主，几乎不为虚拟科研团队其他成员提供知识，更不会参与虚拟科研团队的科研讨论和互动，甚至会损害团队其他成员的利益，不利于虚拟学术社区科研团队成员合作的形成，此类成员在虚拟学术社区内地位不高，与其他成员间没有相对固定的虚拟学术社区关系。

当虚拟学术社区科研团队形成时，自我角色倾向型成员选择参与其中，其最终目的是希望从中获得利益，这严重损害了虚拟科研团队中其他成员的利益并阻碍了科研合作的顺利进行，甚至会引发虚拟科研团队的破裂，对虚拟学术社区发展造成威胁。因此，降低自我角色倾向型成员的参与度或促使其角色转化是尤为重要的。一方面，虚拟科研团队可以采取一些强制方法要求科研团队成员进行科研合作，增加虚拟科研团队实名认证，提高科研团队准入门槛，增加自我角色倾向型成员的参与成本，建设能够激发科研人员参与热情、维持科研团队活力的激励机制，从而促进自我角色倾向型成员的角色转换；另一方面，虚拟科研团队也应该树立清晰的整体目标，明确科研合作的目的，培育科研合作的意识，为科研人员提供和谐积极的学术社区环境，在虚拟学术社区中营造积极向上的学术氛围，提高科研成员的自我效能感，通过提高自我角色倾向型成员对信息的解读能力和评判能力，提高其综合素质，使其充分认识自身行为利己却不利他人，甚至可能会因此损害他人的利益，从而降低自我角色倾向型团队成员参与的满足感等相关收益；同时，虚拟科研团队还应该建立相关的知识保护措施，以减少自我角色倾向型团队成员对成果的获取程度，从而降低自我角色倾向型团队成员的参与度，促进虚拟学术社区科研团队成员的科研合作的形成。

2. 针对关系角色倾向型成员的建议

关系角色倾向型成员通常扮演着建立以团队为中心的感情和社交往来的关系角色。虚拟学术社区科研团队内成员间和谐关系的建立有助于创造良好的氛围，在虚拟学术社区内应该制定相互平等、相互尊重的规章制度，形成合作互助的价值观，鼓励科研团队成员开阔思维、积极协作。同样，关系角色倾向型团队成员还应该增进科研人员间的信任感和归属感，增强科研团队各成员间的联系，促进科研合作的顺利进行。信任一直被视为重要的影响因素，建设"互动信任机制""合作信任机制""权威信任机制"同样势在必行。

当虚拟学术社区科研团队形成时，关系角色倾向型成员选择参与其中，其最终目的是创造良好的氛围，促进科研团队科研合作的顺利进行。关系角色倾向型成员应该建设有利于科研合作的虚拟学术社区环境，通过选择正确的信息搜集方法等技术手段降低科研合作成本、增加参与科研团队合作的收益、营造和谐氛围等方式促进虚拟学术社区科研团队成员的合作。此外，虚拟学术社区应该完善其社区功能，比如在虚拟学术社区平台上设置知识主题的互动游戏、头脑风暴等内容版块，鼓励科研人员通过自我检验和人际互动等方式获得额外知识，增进成员间的关系，这样既能增强虚拟学术社区成员的归属感与自我效能感，又能增加科研团队合作的额外收益，进而促进科研团队人员的合作。

3. 针对任务角色倾向型成员的建议

任务角色倾向型成员扮演着促进和协调与工作任务相关的决策工作的角色。在虚拟学术社区中，他们的专业知识多、经验丰富，热心参与由其他人所发起的活动及议题讨论；在虚拟学术社区科研团队中，最热情、最积极发表帖子、贡献内容的成员，是群体中的活跃分子，且具有一定的素养，此类成员在科研团队中处于较为重要的地位。因此，应该提高任务角色倾向型成员对虚拟学术社区科研团队的黏度，增加其参与度显得尤为重要。

当虚拟学术社区科研团队形成时，任务角色倾向型成员选择参与其中，使虚拟科研团队有了灵魂。一方面，虚拟学术社区应该制定公平、合理的激励体系，从科研人员的实际需求出发，满足任务角色倾向型成员，使其积极参与其中；另一方面可以提高任务角色倾向型成员的主人翁意识，提高参与团体合作将带来的收益。同时，虚拟学术社区科研团队合作是存在一定的风险的，建立完善的知识保护机制和知识损失补偿机制，防范知识被泄露、搭便车和投机主义等消极行为带来的风险；建立合理的监督防范机制，完善内部管理制度，从而降低科研合作过程中的逆向选择和道德风险，降低科研团队成员合作的风险损失，促进虚拟学术社区科研团队合作的形成。

3.2 基于生命周期视角的虚拟学术社区中科研人员合作行为博弈选择

3.2.1 虚拟学术社区的生命周期

在虚拟学术社区中，科研人员合作必定存在一定的动机：陆衡[27]把科研合作动机分为内部动机（心理诱因、自我实现需求）和外部动机（知识、网络）；甘春梅等[28]把科研合作动机分为心理动机（获得地位、声誉或愉悦感）和社会动机（身份认知、社会认同、价值和归属感）；刘枫[29]把科研合作的动机分为知识、物质和精神需求；Cheung 等[30]指出内部动机和知识自我效能有很强关系，而知识自我效能感对科研合作意愿有显著正向作用；Chiu 等[31]基于公平理论和期望确认理论模型，指出虚拟社区科研人员满意度和持续合作意愿受自我价值不确定性、分配公平性和互动公平性的显著影响。从上述研究可以看出，只有真正契合科研人员的动机，他们才有形成合作的动力。

虽然目前已有学者从静态切面来研究虚拟学术社区，也提出了一些促进虚拟学术社区发展的措施，但较少研究关注到虚拟学术社区具体的发展阶段。只有充分了解虚拟学术社区的发展阶段，明确其在每个阶段将会遇到的困难和挑战，才能顺应虚拟学术社区发展的需要，由此可见，了解虚拟学术社区的生命周期尤为重要。张鹤[32]结合虚拟学术社区的运行轨迹，将其生命周期划分为形成期、成长期、快速发展期、成熟期、衰退期五个阶段；埃蒂纳·温格等[33]将虚拟学术社区的形成和发展划分成形成期、成长期、成熟期和衰老期；Moingeon 等[34]参照传统组织发展的三阶段模型，将虚拟学术社区的生命周期划分为形成阶段、发展和制度化阶段、下降阶段；张丽[35]将虚拟学术社区的生命周期划分为形成阶段、发展阶段、成熟阶段和转变阶段四个阶段；Palloff[36]将虚拟学术社区的生命周期划分为形成阶段、规范阶段、震荡阶段、成熟阶段和衰退阶段五个阶段。本书在已有文献的基础上，将虚拟学术社区的生命周期划分为初创期、成长期、成熟期、衰退期四个阶段。

本节利用博弈论中的混合策略纳什均衡，从生命周期的视角，对虚拟学术社区科研人员的科研合作进行分析和判断，构建科研人员合作博弈模型，分析影响因素的作用机理，提出相关的策略建议，以期促进虚拟学术社区中科研人员合作的有序进行，推动科研活动的顺利开展。

3.2.2 合作博弈模型的基本假设

为了方便虚拟学术社区科研人员合作的博弈分析，做以下假设。

假设1：本节以虚拟学术社区科研合作参与主体A和参与主体B的合作博弈作为研究对象，构建科研合作博弈模型，参与主体A和参与主体B具有相同的策略选择空间——科研合作或科研不合作，即参与主体A、参与主体B的策略集合均为{科研合作，科研不合作}。

假设2：令Q表示参与主体A和参与主体B科研合作成功的概率，即当两者都选择在虚拟学术社区进行科研合作时，能够达到自己科研合作目标，实现科研合作预期。

假设3：令K_1和K_2表示参与主体A和参与主体B各自拥有的知识总量，η_1和η_2（$0 \leq \eta \leq 1$）表示参与主体A和参与主体B在科研合作过程中的知识共享程度，可得参与主体A和参与主体B的知识共享量分别为$K_1\eta_1$和$K_2\eta_2$。

假设4：由于科研合作的目的是获得新知识，即为了互补性知识的共享或异质性知识的交叉融合，令μ_1和μ_2（$0 \leq \mu \leq 1$）表示参与主体A和参与主体B互补性的知识比例，可得参与主体A、参与主体B可以被对方吸收利用的知识价值分别为$K_1\eta_1\mu_1$和$K_2\eta_2\mu_2$。

假设5：由于个体存在差异，即不同参与主体对知识的吸收转化能力不同，在科研合作过程中，令α_1和α_2（$0 \leq \alpha \leq 1$）表示参与主体A和参与主体B的知识吸收转化能力，可得在科研合作过程中，获得对方知识的价值分别为$K_2\eta_2\mu_2\alpha_1$和$K_1\eta_1\mu_1\alpha_2$。

假设6：在虚拟学术社区科研合作过程中，由于协同效应的存在，参与主体A和参与主体B获得协同知识，如通过参与主体的讨论和思考，会产生新想法等。同时，参与主体间的关系程度，也会影响双方科研合作，参与双方关系越紧密，所获得的协同知识可能越高。产生协同知识的多少与科研合作过程中知识共享量成正比，设参与主体A和参与主体B的协同系数分别为β_1和β_2。若参与主体A、参与主体B双方均选择了科研合作策略，两人的新增协同知识价值分别为$K_2\eta_2\mu_2\beta_1$和$K_1\eta_1\mu_1\beta_2$，参与主体在原有知识量基础上新增知识价值分别是$K_2\eta_2\mu_2\alpha_1 + K_2\eta_2\mu_2\beta_1$和$K_1\eta_1\mu_1\alpha_2 + K_1\eta_1\mu_1\beta_2$。

假设7：在虚拟学术社区科研合作过程中，当科研人员合作完成科研目标时，参与的科研人员应该得到相应的奖励，奖励能在一定程度上增加虚拟学术社区成员科研合作的积极性，设科研合作激励系数为λ（$\lambda \geq 1$），参与主体A、参与主体B可获得的科研合作激励价值分别为$\lambda K_1\eta_1\mu_1$和$\lambda K_2\eta_2\mu_2$。

假设8：虚拟学术社区科研合作具有一定的风险。一般情况下，当参与主体一方意识到自身所获得的知识价值远远小于自身共享的知识价值时，其会丧失知识优势，从而降低知识共享程度。令ω_1和ω_2分别表示参与主体A和参与主体B的风险系数，可得参与主体A和参与主体B的知识损失分别为$\omega_1 K_1\eta_1$和$\omega_2 K_2\eta_2$。在虚拟学术社区科研合作过程中，无法对隐性知识进行有效量化，造成参与主体知识共享损失值远远大于所获激励，因此，假定$\omega_1 K_1\eta_1 > \lambda K_1\eta_1\mu_1$、$\omega_2 K_2\eta_2 > \lambda K_2\eta_2\mu_2$。

假设9：在虚拟学术社区科研合作过程中，涉及的科研合作成本主要包括传递成本、沟通成本等。传递成本是将科研合作所需知识整理、外显化为合作方易于理解和吸收的形式所花费的成本；沟通成本是合作双方为了理解知识内涵而花费的成本。若参与主体选择了科研合作策略，设参与主体 A 和参与主体 B 的科研合作成本分别为 C_1 和 C_2。

假设 10：在博弈过程中，若参与主体 A 选择"合作"的概率为 $x(0 \leq x \leq 1)$，则选择"不合作"的概率为 $1-x$；若参与主体 B 选择"合作"的概率为 $y(0 \leq y \leq 1)$，则选择"不合作"的概率为 $1-y$。

假设 11：当参与主体 A、参与主体 B 同时选择科研不合作的策略时，两个参与主体所获收益均为 0。

对虚拟学术社区参与主体 A 和参与主体 B 而言，存在 4 种不同的策略组合：参与主体 A 和参与主体 B 进行科研合作；参与主体 A 合作，参与主体 B 不合作；参与主体 A 不合作，参与主体 B 合作；参与主体 A 和参与主体 B 都不合作。下面分别就不同的策略组合，对参与者的期望收益进行分析。

3.2.3 虚拟学术社区参与主体 A 和参与主体 B 的博弈模型

1. 参与主体 A 和参与主体 B 科研合作的博弈

根据以上假设，可以制作虚拟学术社区参与主体 A 和参与主体 B 的科研合作博弈收益矩阵，如表 3.2 所示。

表 3.2 虚拟学术社区参与主体科研合作的博弈收益矩阵

参与主体 A	参与主体 B	
	科研合作成功	科研合作失败
科研合作成功	$(K_2\eta_2\mu_2\alpha_1 + K_2\eta_2\mu_2\beta_1 + \lambda K_1\eta_1\mu_1 - \omega_1 K_1\eta_1 - C_1,\ K_1\eta_1\mu_1\alpha_2 + K_1\eta_1\mu_1\beta_2 + \lambda K_2\eta_2\mu_2 - \omega_2 K_2\eta_2 - C_2)$	$(K_2\eta_2\mu_2\alpha_1 + K_2\eta_2\mu_2\beta_1 + \lambda K_1\eta_1\mu_1 - \omega_1 K_1\eta_1 - C_1,\ K_2\eta_2\mu_2 - \omega_2 K_2\eta_2 - C_2)$
科研合作失败	$(\lambda K_1\eta_1\mu_1 - \omega_1 K_1\eta_1 - C_1,\ K_1\eta_1\mu_1\alpha_2 + K_1\eta_1\mu_1\beta_2 + \lambda K_2\eta_2\mu_2 - \omega_2 K_2\eta_2 - C_2)$	$(\lambda K_1\eta_1\mu_1 - \omega_1 K_1\eta_1 - C_1,\ \lambda K_2\eta_2\mu_2 - \omega_2 K_2\eta_2 - C_2)$

对应的概率矩阵如表 3.3 所示。

表 3.3 虚拟学术社区参与主体科研合作的概率矩阵

参与主体 A	参与主体 B	
	科研合作成功	科研合作失败
科研合作成功	Q^2	$Q(1-Q)$
科研合作失败	$(1-Q)Q$	$(1-Q)^2$

用 E_{A1} 和 E_{B1} 分别表示参与主体 A 和参与主体 B 科研合作时的净收益，可得

$$E_{A1} = (K_2\eta_2\mu_2\alpha_1 + K_2\eta_2\mu_2\beta_1 + \lambda K_1\eta_1\mu_1 - \omega_1 K_1\eta_1 - C_1)Q^2 + (K_2\eta_2\mu_2\alpha_1 + K_2\eta_2\mu_2\beta_1 + \lambda K_1\eta_1\mu_1$$
$$- \omega_1 K_1\eta_1 - C_1)Q(1-Q) + (\lambda K_1\eta_1\mu_1 - \omega_1 K_1\eta_1 - C_1)(1-Q)Q + (\lambda K_1\eta_1\mu_1 - \omega_1 K_1\eta_1 - C_1)(1-Q)^2$$
$$= QK_2\eta_2\mu_2\alpha_1 + QK_2\eta_2\mu_2\beta_1 + \lambda K_1\eta_1\mu_1 - \omega_1 K_1\eta_1 - C_1$$
$$E_{B1} = QK_1\eta_1\mu_1\alpha_2 + QK_1\eta_1\mu_1\beta_2 + \lambda K_2\eta_2\mu_2 - \omega_2 K_2\eta_2 - C_2$$

2. 参与主体 A 合作、参与主体 B 不合作的博弈

根据以上假设，当虚拟学术社区中参与主体 A 合作、参与主体 B 采取不合作策略时，科研合作不成功，即 $Q=0$。用 E_{A2} 和 E_{B2} 分别表示参与主体 A 和参与主体 B 此时的净收益，可得

$$E_{A2} = \lambda K_1\eta_1\mu_1 - \omega_1 K_1\eta_1 - C_1$$
$$E_{B2} = K_1\eta_1\mu_1\alpha_2$$

3. 参与主体 A 不合作、参与主体 B 合作的博弈

根据以上假设，当虚拟学术社区中参与主体 A 不合作、参与主体 B 采取合作策略时，科研合作不成功，即 $Q=0$。用 E_{A3} 和 E_{B3} 分别表示参与主体 A 和参与主体 B 此时的净收益，可得

$$E_{A3} = K_2\eta_2\mu_2\alpha_1$$
$$E_{B3} = \lambda K_2\eta_2\mu_2 - \omega_2 K_2\eta_2 - C_2$$

4. 参与主体 A 和参与主体 B 都不合作的博弈

根据以上假设，当虚拟学术社区中参与主体 A 和参与主体 B 采取不合作策略时，科研合作不成功，即 $Q=0$。用 E_{A4} 和 E_{B4} 分别表示参与主体 A 和参与主体 B 此时的净收益，可得

$$E_{A4} = E_{B4} = 0$$

3.2.4 虚拟学术社区参与主体 A 和参与主体 B 的博弈分析

根据虚拟学术社区参与主体 A 和参与主体 B 的期望净收益，可以得到参与主体 A 和参与主体 B 科研合作的支付矩阵，如表 3.4 所示。

表 3.4 虚拟学术社区参与主体科研合作的博弈支付矩阵

参与主体 A	参与主体 B 科研合作	参与主体 B 科研不合作
科研合作	$(QK_2\eta_2\mu_2\alpha_1 + QK_2\eta_2\mu_2\beta_1 + \lambda K_1\eta_1\mu_1 - \omega_1 K_1\eta_1 - C_1,\ QK_1\eta_1\mu_1\alpha_2 + QK_1\eta_1\mu_1\beta_2 + \lambda K_2\eta_2\mu_2 - \omega_2 K_2\eta_2 - C_2)$	$(\lambda K_1\eta_1\mu_1 - \omega_1 K_1\eta_1 - C_1,\ K_1\eta_1\mu_1\alpha_2)$
科研不合作	$(K_2\eta_2\mu_2\alpha_1,\ \lambda K_2\eta_2\mu_2 - \omega_2 K_2\eta_2 - C_2)$	$(0, 0)$

用 E_{11} 和 E_{21} 分别表示参与主体 A 和参与主体 B 选择科研"合作"时的期望收益,用 E_{12} 和 E_{22} 分别表示参与主体 A 和参与主体 B 选择科研"不合作"时的期望收益,用 $\bar{E}_1$ 和 $\bar{E}_2$ 分别表示参与主体 A 和参与主体 B 的平均期望收益。针对参与主体 A,可得

$$E_{11} = y(QK_2\eta_2\mu_2\alpha_1 + QK_2\eta_2\mu_2\beta_1 + \lambda K_1\eta_1\mu_1 - \omega_1 K_1\eta_1 - C_1) + (1-y)(\lambda K_1\eta_1\mu_1 - \omega_1 K_1\eta_1 - C_1)$$
$$= yQK_2\eta_2\mu_2\alpha_1 + yQK_2\eta_2\mu_2\beta_1 + \lambda K_1\eta_1\mu_1 - \omega_1 K_1\eta_1 - C_1$$

$$E_{12} = yK_2\eta_2\mu_2\alpha_1$$

$$\bar{E}_1 = xE_{11} + (1-x)E_{12}$$

假定 x 增加了 Δx,那么参与主体 A 的收益变化为 ΔE_1,则

$$\Delta E_1 = (x+\Delta x)E_{11} + [1-(x+\Delta x)]E_{12} - [xE_{11} + (1-x)E_{12}] = (E_{11}-E_{12})\Delta x$$
$$= [y(Q-1)K_2\eta_2\mu_2\alpha_1 + yQK_2\eta_2\mu_2\beta_1 + \lambda K_1\eta_1\mu_1 - \omega_1 K_1\eta_1 - C_1]\Delta x$$

当 $[y(Q-1)K_2\eta_2\mu_2\alpha_1 + yQK_2\eta_2\mu_2\beta_1 + \lambda K_1\eta_1\mu_1 - \omega_1 K_1\eta_1 - C_1] > 0$ 时,则 ΔE_1 取正值;当 $[y(Q-1)K_2\eta_2\mu_2\alpha_1 + yQK_2\eta_2\mu_2\beta_1 + \lambda K_1\eta_1\mu_1 - \omega_1 K_1\eta_1 - C_1] < 0$ 时,则 ΔE_1 取负值,可得以下结论。

当 $y < \dfrac{\lambda K_1\eta_1\mu_1 - \omega_1 K_1\eta_1 - C_1}{K_2\eta_2\mu_2\alpha_1 - Q(K_2\eta_2\mu_2\alpha_1 + K_2\eta_2\mu_2\beta_1)}$ 时,参与主体 A 会增加 x 的值,即提高科研合作的概率;当 $y > \dfrac{\lambda K_1\eta_1\mu_1 - \omega_1 K_1\eta_1 - C_1}{K_2\eta_2\mu_2\alpha_1 - Q(K_2\eta_2\mu_2\alpha_1 + K_2\eta_2\mu_2\beta_1)}$ 时,参与主体 A 会减小 x 的值,即降低科研合作的概率;当 $y = \dfrac{\lambda K_1\eta_1\mu_1 - \omega_1 K_1\eta_1 - C_1}{K_2\eta_2\mu_2\alpha_1 - Q(K_2\eta_2\mu_2\alpha_1 + K_2\eta_2\mu_2\beta_1)}$ 时,参与主体 A 对任意 y 值,x 的值无差异,即 x 值不改变。

同理,针对参与主体 B 的表达如下:

$$E_{21} = xQK_1\eta_1\mu_1\alpha_2 + xQK_1\eta_1\mu_1\beta_2 + \lambda K_2\eta_2\mu_2 - \omega_2 K_2\eta_2 - C_2$$

$$E_{22} = yK_1\eta_1\mu_1\alpha_2$$

$$\bar{E}_2 = yE_{21} + (1-y)E_{22}$$

假定 y 增加了 Δy,那么参与主体 A 的收益变化为 ΔE_2,则有

$$\Delta E_2 = (E_{21}-E_{22})\Delta y$$
$$= [x(Q-1)K_1\eta_1\mu_1\alpha_2 + xQK_1\eta_1\mu_1\beta_2 + \lambda K_2\eta_2\mu_2 - \omega_2 K_2\eta_2 - C_2]\Delta y$$

当 $[x(Q-1)K_1\eta_1\mu_1\alpha_2 + xQK_1\eta_1\mu_1\beta_2 + \lambda K_2\eta_2\mu_2 - \omega_2 K_2\eta_2 - C_2] > 0$ 时,则 ΔE_2 取正值;当 $[x(Q-1)K_1\eta_1\mu_1\alpha_2 + xQK_1\eta_1\mu_1\beta_2 + \lambda K_2\eta_2\mu_2 - \omega_2 K_2\eta_2 - C_2] < 0$ 时,则 ΔE_2 取负值,可得以下结论。

当 $x < \dfrac{\lambda K_2\eta_2\mu_2 - \omega_2 K_2\eta_2 - C_2}{K_1\eta_1\mu_1\alpha_2 - Q(K_1\eta_1\mu_1\alpha_2 + K_1\eta_1\mu_1\beta_2)}$ 时,参与主体 B 会增加 y 的值,即提高科研合作的概率;当 $x > \dfrac{\lambda K_2\eta_2\mu_2 - \omega_2 K_2\eta_2 - C_2}{K_1\eta_1\mu_1\alpha_2 - Q(K_1\eta_1\mu_1\alpha_2 + K_1\eta_1\mu_1\beta_2)}$ 时,参与主体 B 会减小 y 的值,即

降低科研合作的概率；当 $x = \dfrac{\lambda K_2\eta_2\mu_2 - \omega_2 K_2\eta_2 - C_2}{K_1\eta_1\mu_1\alpha_2 - Q(K_1\eta_1\mu_1\alpha_2 + K_1\eta_1\mu_1\beta_2)}$ 时，参与主体 B 对任意 x 值，y 的值无差异，即 y 值不改变。

3.2.5 虚拟学术社区参与主体 A 和参与主体 B 的博弈结论

由以上分析可以得到在此博弈中，混合策略纳什均衡点为

$$\left(\dfrac{\lambda K_2\eta_2\mu_2 - \omega_2 K_2\eta_2 - C_2}{K_1\eta_1\mu_1\alpha_2 - Q(K_1\eta_1\mu_1\alpha_2 + K_1\eta_1\mu_1\beta_2)}, \dfrac{\lambda K_1\eta_1\mu_1 - \omega_1 K_1\eta_1 - C_1}{K_2\eta_2\mu_2\alpha_1 - Q(K_2\eta_2\mu_2\alpha_1 + K_2\eta_2\mu_2\beta_1)}\right)$$

即在虚拟学术社区中，参与主体 A 以 $\dfrac{\lambda K_2\eta_2\mu_2 - \omega_2 K_2\eta_2 - C_2}{K_1\eta_1\mu_1\alpha_2 - Q(K_1\eta_1\mu_1\alpha_2 + K_1\eta_1\mu_1\beta_2)}$ 的概率参与科研合作，参与主体 B 以 $\dfrac{\lambda K_1\eta_1\mu_1 - \omega_1 K_1\eta_1 - C_1}{K_2\eta_2\mu_2\alpha_1 - Q(K_2\eta_2\mu_2\alpha_1 + K_2\eta_2\mu_2\beta_1)}$ 的概率参与科研合作，此时整个策略达到均衡。

由混合策略纳什均衡可以看出，虚拟学术社区科研人员合作概率受合作双方的共同影响。对于参与主体 A 而言，科研合作概率 x 是 $\lambda K_1\eta_1\mu_1$ 的增函数、是 $\omega_1 K_1\eta_1$ 的减函数、是 C_1 的减函数、是 Q 的增函数、是 $K_2\eta_2\mu_2\alpha_1$ 的减函数、是 $K_2\eta_2\mu_2\beta_1$ 的增函数；对于参与主体 B 而言，科研合作概率 y 是 $\lambda K_2\eta_2\mu_2$ 的增函数、是 $\omega_2 K_2\eta_2$ 的减函数、是 C_2 的减函数、是 Q 的增函数、是 $K_1\eta_1\mu_1\alpha_2$ 的减函数、是 $K_1\eta_1\mu_1\beta_2$ 的增函数。

通过以上分析可知，虚拟学术社区中科研人员合作概率随科研合作时获得的激励价值、科研合作新增协同知识价值、科研合作成功的概率的增大而增大，随科研合作中知识损失、科研过程中所耗合作成本、获得对方知识的价值的增大而减小，获得对方知识的价值越大，科研合作的概率反而越小，这可能与参与主体间知识总量差距有关，当参与主体间知识总量相差过大时，其往往不进行科研合作。

3.2.6 基于生命周期理论的科研合作模式选择

虚拟学术社区不同发展阶段的内外部环境大不相同，导致虚拟学术社区科研人员合作模式选择的不同。通过虚拟学术社区科研人员的行为互动在反复博弈中达到均衡的分析，以及科研合作影响因素在不同生命周期的特征，选择适用于不同阶段的合作模式，以实现科研合作的顺利进行，促进虚拟学术社区的健康发展。

1. 虚拟学术社区初创期

随着互联网的迅猛发展，出现了"虚拟学术社区"这个新的词汇，虚拟学术社区是基于现实学术社区原型在网络上的映现，又区别于现实学术社区的一个新概念。它的形成通常是自发的，由背景相似的成员出于对某一领域的共同兴趣形成的。虚拟学术社区参与者

多为科研人员,他们因为有一个能够实现交流和沟通个人实践经验的公共平台而感到兴奋,开始按照虚拟学术社区内默认规则进行交互,把自己的知识、兴趣、经验作为资源来分享,把虚拟学术社区其他成员作为自己的同盟来信任。

由于虚拟学术社区在初创期仅存在寥寥数篇帖子,其结构是松散、不稳定的,并且虚拟学术社区成员数量少、活跃度低,这些成员大部分具有不同的专业背景,人们对陌生人存在天然的心理芥蒂,并且专业背景存在鸿沟,虚拟学术社区成员之间的互动也较少。一般情况下,虚拟学术社区对科研人员拥有的知识总量不了解,且虚拟学术社区科研人员对其他科研人员的知识水平同样不了解,即虚拟学术社区信息不对称,可能存在科研合作双方知识总量差距较大,合作双方不能够达到自己科研合作目标,实现科研合作预期,即$K\eta\mu\alpha$较大、Q较小、$K\eta\mu\beta$较小,从而导致逆向选择与道德风险,使科研合作陷入一种困境。在这种情况下,科研人员会丧失知识优势,造成知识损失$\omega K\eta$较大。虚拟学术社区在创建初期对领域界定与目标规划较为模糊,虚拟学术社区意识处于朦胧状态,也缺乏清晰一致的虚拟学术社区规则,因此科研人员获得激励价值$\lambda K\eta\mu$几乎为零,平台硬件设施和软件设施建设还不够完善,导致科研合作成本C也会较大。

通过以上分析,虚拟学术社区在初创期,科研人员往往会选择不进行科研合作,以确保自身的最大利益。因此,建议在此阶段,虚拟学术社区加强其社区软硬件的建设,制定一定的规章和制度,采取一定的物质激励、权威激励、目标激励,形成凝聚力,加强科研人员的心理契约,联系和巩固虚拟学术社区与科研人员的关系,为以后虚拟学术社区的进一步发展奠定基础。

2. 虚拟学术社区成长期

随着虚拟学术社区的领域范围不断清晰、虚拟学术社区目标变得明确、基础设施逐渐完善以及成员数量不断攀升,虚拟学术社区进入成长期。成长期是决定命运的关键时期,在这一阶段,虚拟学术社区成员会考虑虚拟学术社区的领域边界是否与自身专业背景相交、自己是否应该继续成为该社区一员,并且能否为该社区知识库做出贡献。成员会参与商讨制定虚拟学术社区的各项规则制度,在不断地考察与实践中对这些规则进行改进。在这一时期,成员对彼此的芥蒂逐渐解除,为沟通扫除了心理障碍,并且基础设施的完善也为成员沟通提供了极大的便利,减少了科研合作过程中所消耗的合作成本C,成员之间的互动频率不断增加,交流内容不断深入,增进对彼此的认识,且成员信息逐渐公开,虚拟社区的信息不对称程度降低,知识损失$\omega K\eta$减小。由于科研人员自我认知的存在,其往往不会选择与自己知识差别大的人员进行合作,即$K\eta\mu\alpha$减小,合作成功的概率Q增加,通过科研合作产生的协同知识价值$K\eta\mu\beta$也会增加,科研人员也会通过科研合作,获得一定的激励奖励,即$\lambda K\eta\mu$增加。

通过以上分析,在虚拟学术社区成长期,科研人员不进行科研合作的情况会有所改善,建议能力较高的科研人员进行科研合作，而知识能力较弱的科研人员暂不进行科研合作，这样有利于虚拟学术社区高质量知识的积累，吸引更多的科研人员的关注。改善沟通机制和搭建交流平台，为虚拟学术社区提供更为高效的服务渠道，以促进虚拟学术社区科研合作交流能力的提高。

3. 虚拟学术社区成熟期

随着平台用户数量和质量的提高，虚拟学术社区目标已明确且提供学习交流的软硬件条件已发展完善，用户的黏着度和忠诚度也不断得到加强，虚拟学术社区的发展进入成熟期。一个虚拟学术社区进入成熟期的常规标志是，虚拟学术社区成员能清楚地告诉新成员本社区接受的行为界限，并且能向新成员正确地描述本社区的目标。在虚拟学术社区成熟期，成员通过深入的交流变得熟悉起来，并且虚拟学术社区通过数据分析技术能够披露成员个人信息，故此时期的虚拟学术社区信息对称，科研合作者双方知识总量差距 $K\eta\mu\alpha$ 不大，合作成功的概率 Q 较高，然而由于科研人员数量的急剧增加，外部效应也变得严重起来，搭便车现象也会变得更为严重，虚拟学术社区中数量庞大的"潜水者"即是对这一现象很好的佐证。此时，建立完善的知识保护机制和知识损失补偿机制势在必行，减小知识损失 $\omega K\eta$，以防范知识被泄露、搭便车和投机主义行为等消极行为带来的风险，从而降低科研合作过程中的逆向选择和道德风险，促进虚拟学术社区科研人员间的合作。处于成熟期的虚拟学术社区稳定，经过了成长期的完善，科研人员间科研合作知识交流效率较高，可通过科研成果转化获得额外收益，新增协同知识成本价值 $K\eta\mu\beta$ 较大。虚拟学术社区内外部环境进一步完善，科研合作中所消耗的合作成本 C 进一步减少，为了留住虚拟学术社区中的科研人员，激励力度进一步增大，即 $\lambda K\eta\mu$ 增大。

通过以上分析，在虚拟学术社区成熟期，科研人员大多都会选择适当的伙伴进行科研合作。因此，建议虚拟学术社区建设有利于科研合作的社区环境，通过选择正确的信息搜集方法等技术手段、营造和谐氛围等方式促进社区科研人员合作。制定相互平等、相互尊重的规章制度，形成合作互助的价值观，鼓励科研人员开阔思维、积极协作。同样，虚拟学术社区平台还应该增进科研人员间信任感和归属感，增强与虚拟学术社区平台的联系，采取精神激励与成就激励的方式，鼓励科研人员进行合作，从而促进科研合作的顺利进行，形成良性循环。

4. 虚拟学术社区衰退期

虚拟学术社区在经历了长期的发展以后，成长空间萎缩、灵活性下降，虚拟学术社区逐渐走向衰退。在这一阶段，虚拟学术社区变得越来越制度化和保守化。它把自己局限于为科研人员接受的主题范围内，沿袭一成不变的交流模式。难以容纳科研人员的新观点和新见解，背离了虚拟学术社区当初的使命与目标，科研人员纷纷弃虚拟学术社区而去。虚拟学术社区的科研合作不再增加甚至急剧萎缩，该社区实质上已经名存实亡。

因此，建议虚拟学术社区在成熟期"防患于未然"，才能突破各种瓶颈限制，延长虚拟学术社区寿命，获得稳固的发展。利用机会激励推动虚拟学术社区合作团队再生，激励科研人员从新的视角审视研究领域、学科发展趋势等。

3.3 本章小结

本章利用演化博弈模型及其相关理论，对虚拟学术社区科研团队成员合作行为进行分析，将虚拟科研团队成员分为任务角色倾向型成员、关系角色倾向型成员和自我角色倾向型成员三种类型，并作为一个整体，考虑三个主体间的相互影响的策略组合和收益组合，既充分考虑了虚拟学术社区科研团队合作的现实情况，同时又具有客观的模型参考，通过运用复制动态方程，分析了在不同情况下的虚拟科研团队成员选择的策略渐进趋势，并将演化博弈论的复制相位图扩展到三维空间，进而展示了三个主体的策略选择趋势，并在此基础上提出相应的建议，进而促进虚拟学术社区科研团队人员合作的形成，有利于虚拟学术社区的健康发展。

另外，本章还基于生命周期理论，利用博弈论中的混合策略纳什均衡，对虚拟学术社区中科研人员合作行为进行分析。研究表明，在虚拟学术社区初创期，科研人员通常不会进行科研合作；在虚拟学术社区成长期，具有知识优势的科研人员选择科研合作，而知识水平一般的科研人员则选择不进行科研合作；在虚拟学术社区成熟期，会有较多的科研人员选择科研合作；在虚拟学术社区衰退期，科研人员大量流失，他们不再选择科研合作。通过分析科研人员知识总量、科研合作程度、知识互补比例、合作激励系数、科研合作风险系数、科研合作的协同系数、科研合作成功概率、科研合作成本等影响因素，并据此提出了相应的策略建议，进而促进虚拟学术社区科研人员合作的形成。

第4章

科研人员持续使用虚拟学术社区意愿的影响因素

4.1 研究目的

网络环境下的信息用户,已不再满足于传统的信息交流形式,依托于互联网,具有相同兴趣的群体在网络平台上进行相互交流的虚拟社区应运而生。虚拟学术社区作为虚拟社区的一种,具有虚拟性、开放性、互动性等特点,是学者进行科学交流、知识共享的重要平台。从用户群来看,虚拟学术社区主要服务于高校、科研院所的学者以及企业研发人员,是交流学术前沿知识的社交平台,是开拓新的研究领域和方向的重要场所,能够有效促进科研事业的进展和繁荣。

随着虚拟学术社区不断发展与成熟,用户数量逐渐增加,像"科学网""小木虫""经管之家"等虚拟学术社区发展相对较为成熟,拥有一大批忠实用户。然而相当数量的虚拟学术社区平台陷入科研人员参与度不高、持续使用率低等困境,有些甚至退出历史舞台,如生命科学论坛,在运营 15 年后宣布停止服务。科研人员参与评论和共享信息是虚拟学术社区健康运营的基础,即科研人员的黏度和活跃度决定了虚拟学术社区的竞争优势、影响力。吸引新用户,维持已有用户持续参与对虚拟学术社区的长远发展至关重要。因此,有必要对虚拟学术社区科研人员的持续使用意愿的影响因素进行探究。

为更好地探讨虚拟学术社区科研人员持续使用意愿,系统了解相关因素对虚拟学术社区的持续使用意愿的影响机制,本章基于使用与满足理论、创新扩散理论,并引入社会影响理论中的"主观规范"变量,构建虚拟学术社区科研人员持续使用意愿模型,采用调查问卷的方法收集数据进行实证验证。研究成果有利于虚拟学术社区运营商和虚拟学术社区内容提供者了解科研人员持续使用意愿,从而有针对性地采取相应的运营策略,满足科研人员的需求,吸引并留住用户,从而促进虚拟学术社区可持续发展。同时,本章的研究成果也有利于发挥虚拟学术社区的价值,有效促进科研人员之间的学术交流和知识共享,进而在一定程度上促进学术繁荣和科技创新。

4.2 相关研究

Bhattacherjee[37]强调用户对信息系统的持续使用行为直接决定了其是否能够成功实施。用户对系统的使用累计量随着时间不断增长的现象就是信息系统的持续使用。近年来,随着信息系统领域的不断发展,信息系统的持续使用研究引起了更多学者的研究兴趣,后续被广泛应用到学习系统、社交网站、移动应用等多种信息系统。现有研究的理论模型主要有期望确认理论、技术接受模型、创新扩散理论。

作为最早研究用户持续使用的模型之一,期望确认理论(expectation confirmation theory,ECT)强调满意度直接影响消费者持续购买或使用意愿。如殷猛等[38]基于期望确认理论，对微博用户持续参与的影响因素进行了研究，发现满意度与持续参与意愿呈显著正相关关系。

作为探究用户接受信息系统的代表性模型，技术接受模型（technology acceptance model，TAM）认为用户选择信息系统是基于对系统本身的评估。之后，许多学者对 TAM 进行扩展用于研究用户的信息系统持续使用，如 Gefen 等[39]对技术接受模型进行了扩展，研究结果发现用户的持续购买意愿受到他们对网站的信任程度以及感知网站有用程度的影响。此外，Bhattacherjee[37]结合 ECT 与 TAM，提出了信息系统持续使用的期望确认模型，认为用户持续使用意愿的主要因素为感知有用性、期望确认度和满意度。

创新扩散理论（diffusion of innovations theory）将用户对系统的感知视为对创新的采纳，在信息系统持续使用研究中得到成功应用。如 Karahanna 等[40]运用创新扩散理论来研究用户对微软的某一软件包的持续使用意愿，通过相容性、可视性、态度等影响因素来区分潜在使用者和使用者。综上可以发现，由于不同应用场景、对象和目的，用户的持续使用影响因素都会有所不同，于是学者们通常选择在某一理论基础上，引入其他变量，也有研究结合多个理论构建整合模型，有利于有效突破某一理论固有研究框架，更好地解释不同环境下的用户持续使用问题。

从服务提供的视角来看，虚拟学术社区是一类特殊的信息系统，和其他系统相比，其用户群体、交流内容和方式、服务目的都有独特之处。由于虚拟学术社区的用户（科研人员）具有特殊性，用户增长空间相对比较困难，探究如何提高科研人员参与积极度，留住科研人员显得尤为重要。近年来，虚拟学术社区研究受到了国内外学者的广泛关注，研究呈上升趋势，目前主要研究内容较集中在几个方面。①基础理论，包括虚拟学术社区的定义、特点等，例如：Nistor 等[41]认为虚拟学术社区为学术研究创造了知识共享和创新的环境。②知识交流研究，包括理论基础、交流效率等，例如：Tobarra 等[42]通过研究虚拟学术社区中大量学生的信息交互行为，描述了论坛内相关主题以及子主题信息特征，得出了学生论坛交互行为的特点；吴佳玲等[43]以"小木虫"虚拟学术社区为研究对象，探究了其中各板块的知识交流效率，针对性地提出了优化措施。③用户行为研究，包括科研合作、采纳意愿等，例如：袁勤俭等[44]采用问卷调查法，探究虚拟学术社区中科学研究方面的合作，结果发现虚拟学术社区有利于科研人员的协作和交流，也对科研人员的知识深度和社交能力产生了积极影响；谭春辉等[45]的研究表明，个人因素、人际因素、社区因素在虚拟学术社区科研人员科研合作初期具有正向的影响。此外，在用户行为研究中关于虚拟学术社区持续使用意愿研究较少，王伟军等[46]以 ECT-IS 模型为基础，整合体验价值这一关键概念，构建了学术博客持续使用意愿模型；白玉[47]基于技术接受模型以及感知价值理论，发现感知易用性、感知有用性、感知娱乐性等会正向影响用户的持续使用意愿。

综合用户持续使用的有关研究发现，已有文献的理论基础大多基于期望确认理论或技术接受模型。因此，本章旨在丰富虚拟学术社区的用户行为理论，通过融合使用与满足理论、创新扩散理论,以及引入社会影响理论中的"主观规范"变量,对虚拟学术社区用户持续使用意愿研究进行补充,有利于更好地识别和解释影响科研人员持续使用虚拟学术社区的因素,为促进虚拟学术社区可持续发展提供相关建议。

4.3 理论基础与研究假设

4.3.1 使用与满足理论

使用与满足理论从受众的心理动机和心理需求出发,解释了用户接触媒介以获得满足的行为,提出了受众接受媒介的社会原因和心理动机[48]。使用与满足理论研究焦点在于用户本身而非传播者,现已成功地应用于理解用户使用媒介的动机,例如报纸、电话、网站等。

近年来,国内外学者已经开始探索采用使用与满足理论解释社交网络用户行为,特别是虚拟学术社区中用户采纳前后的行为。

Dholakia 等[49]率先提出了使用与满足理论的应用,在探究用户对在线虚拟社区的参与研究中,建议由以下五个因素来衡量虚拟社区的感知价值:目的性价值、社会提升、自我实现、关系维持、娱乐性。随后,Lampe 等[50]采用了这五个因素,并将提供信息、自我效能等因素纳入了感知价值中,结果证明提供信息、自我效能、娱乐性等因素直接影响用户参与在线社区的动机。Wasko 等[51]在探究信息系统用户的信息共享意愿中,将感知价值的子变量定为获得认同和自我实现。在国内的研究中,朱红灿等[52]基于使用与满足理论探究用户对政务新媒体的持续使用意愿,指出感知价值中内容满足、社会满足、过程满足能显著促进用户的持续使用意愿。

综合基于使用与满足理论的有关研究,发现感知价值的子变量会随着研究对象特点有所不同。因此,选择虚拟学术社区中的科研人员(用户)持续使用意愿为对象,根据其产生背景和服务对象的特点,将感知价值的子变量定为信息质量、交互性、感知愉悦性。信息质量是满足或超过用户期望的信息的特征,一般衡量的维度包括信息的实时性、正确性、完整性。交互性是在以计算机为媒介的沟通环境中,用户对其与虚拟学术社区网站间互动的感知,聚焦于虚拟学术社区环境技术为用户提供反馈的能力。从实质来看,科研人员参与虚拟学术社区是一个学术信息交换的过程,虚拟学术社区的交互性越好,科研人员越愿意在虚拟学术社区环境中发表内容,与其他科研人员有效交换信息,在获得相关知识后,出于互惠原则,表现出参与的可持续性。感知愉悦性是用户使用信息系统时内心感受到的愉悦程度,虚拟学术社区不仅满足了用户知识服务的需求,也使用户感到愉悦和乐趣,进而在这一情绪的激励作用下感到满足而产生持续使用意图。

使用与满足理论强调用户之所以选择某平台,是因为该平台可以实现用户的需求,使其感到满意,即当用户所感知的价值能够实现用户的需求后,用户更愿意参与并持续使用。Fornell 等[53]认为,满意度是感知价值和持续使用意愿的中介变量。王凤艳等[54]验证了感知价值能正向影响用户对虚拟社区的满意度;Kuo 等[55]在探究用户对移动增值服务持续购买意愿的研究中,验证了感知价值与顾客满意度的显著相关性。在本书研究中,将满意度定义为科研人员参与虚拟学术社区时感知的满意程度。当科研人员感知到加入虚拟学术社区的价值时,会对虚拟学术社区比较满意,从而产生持续使用虚拟学术社区的意愿。鉴于此,本节提出如下假设。

H1:信息质量正向影响科研人员对虚拟学术社区的满意度。

H2:交互性正向影响科研人员对虚拟学术社区的满意度。

H3:感知愉悦性正向影响科研人员对虚拟学术社区的满意度。

此外,当科研人员对虚拟学术社区满意时,他们参与社区信息共享和评论的积极性就会提高,科研人员的持续使用意愿也会随之增高。

因此我们假设:

H4:满意度正向影响科研人员对虚拟学术社区的持续使用意愿。

4.3.2 创新扩散理论

Rogers[56]的创新扩散理论,试图探索影响个人采用创新的决定因素,他认为影响创新扩散速度有五个因素:相对优势、可观察性、兼容性、可试性和复杂性。目前,国内外学者常借助创新扩散理论来探究信息系统领域的持续行为。例如:Parthasarathy 等[57]基于创新扩散理论,探究用户对在线服务的持续使用行为,根据用户特征和感知信念将用户分为潜在的不持续使用者和潜在的持续使用者,结果发现持续使用者的易用性(复杂性的对立面)、兼容性等比不持续使用者更强;Shih[58]探究用户对电商网站的持续使用行为,发现兼容性、相对优势、复杂性与持续使用意愿呈显著正相关。

近几年,虚拟学术社区作为知识共享、学术交流、科研合作的有效平台逐渐受到关注,在探究科研人员持续使用虚拟学术社区的意愿过程中,将虚拟学术社区作为一种创新模式,在五个创新属性中,选取相对优势、兼容性、复杂性进行解释,而未采用可观察性和可试性,因为虚拟学术社区是可用的,并且是对所有网上用户开放的,可供观察使用。在本小节中,相对优势是指当科研人员使用虚拟学术社区时,会与其他产品或不使用系统时进行比较,若科研人员认为虚拟学术社区优于其他选择,给科研人员带来实质性的帮助,便更愿意持续使用该社区。Kim 等[59]提出,当手机与用户的生活方式、需求和喜好兼容时,他们更有可能采用它。兼容性是指虚拟学术社区与用户需求、价值观、信念等的兼容度。当虚拟学术社区与潜在使用者的经验、价值观、信念具有一致性时,良好的兼容性可以让科研人员更快速地去接受它,例如,虚拟学术社区的界面设计是否符合科研人员的习惯、功能版块是否符合科研人员的需求。而复杂性是指虚拟学术社区难以理解、使用困难的程度，为便于进行数据处理，选择复杂性的对立面，即易用性。当虚拟学术社区的操作更简单流畅后，科研人员感受到参与虚拟学术社区更加容易，便更愿意持续使用该社区。鉴于此，本节提出如下假设。

H5：相对优势正向影响科研人员对虚拟学术社区的持续使用意愿。

H6：兼容性正向影响科研人员对虚拟学术社区的持续使用意愿。

H7：易用性正向影响科研人员对虚拟学术社区的持续使用意愿。

4.3.3 社会影响理论

社会影响理论认为个人态度、信念和行为会受到他人或群体的影响[60]。随后，Kelman[61]通过实验证明了在不同情境下用户因他人影响而产生的态度转变，并认为可以根据个人接受影响的程度，将影响划分为三个过程：顺从、认同和内化。Wang 等[62]指出，主观规范是社会影响力的主要概念化，即为测量社会影响的重要指标。此外，主观规范理论在 TAM2 理论模型和 UTAUT 理论模型中都得到了理论支撑。Venkatesh 等[63]认为，主观规范是对自己重要的人是否应该实施某一行为的认知。目前，主观规范对用户在信息系统的接受和使用的作用已得到广泛的研究。Tsai 等[64]在虚拟学术社区的研究中证明身边重要的人会显著影响个人对社区的行为意愿。Zhou 等[65]基于社会影响理论探究用户对中国移动社交网络的持续意图，研究得出主观规范对持续使用具有重大的影响。根据虚拟学术社区的基本特征，本节将主观规范定义为老师、同事、同学等都认为自己应该使用虚拟学术社区的感知，并将其作为知识学习、知识分享的渠道。反之，如果周围的人都不使用虚拟学术社区，那么自己使用虚拟学术社区的可能性会降低。鉴于此，本节提出如下假设。

H8：主观规范正向影响科研人员对虚拟学术社区的持续使用意愿。

结合上述假设，构建出虚拟学术社区科研人员持续使用意愿影响因素研究的模型，如图 4.1 所示。

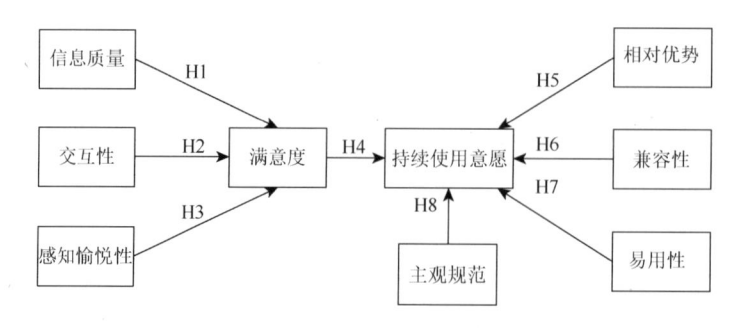

图 4.1 虚拟学术社区科研人员持续使用意愿影响因素研究的模型

4.4 问卷设计与数据收集

4.4.1 问卷设计

本节使用的数据来源于问卷调查。问卷的测量题项是在对大量文献总结分析的基础上，参照前人的研究成果，结合虚拟学术社区的特征进行相应调整完成的。本节问卷主要包含 3 个部分：①问卷的说明，阐述本次调查的目的以及涉及的核心概念；②用户的基本信息，如年龄、性别、学历等，以及对使用虚拟学术社区的基本情况调查；③潜变量问项，分别对研究模型的 9 个变量如信息质量、交互性、感知愉悦性等设置问项，每个变量采用 3～5 个问项进行测度。测量变量问项选取李克特（Likert）7 级量表，1 至 7 分别表示非常不同意至非常同意。

为确保问卷的质量，本次问卷调查在发放问卷前进行了预调研，选取了有虚拟学术社区使用经验的 20 名同学进行了问卷填写，并征询 2 名相关领域专家的意见，之后对问卷进行了修改与完善，最后为 9 个变量共设计了 34 个测量项，如表 4.1 所示。

表 4.1 变量测量及资料

序号	变量	测量题项	题项参考资料
1	信息质量 （information quality，IQ）	IQ1 虚拟学术社区中的信息更新速度快 IQ2 在虚拟学术社区中能获得与需求相关的信息 IQ3 虚拟学术社区能提供准确的信息 IQ4 虚拟学术社区能提供充分的信息	Dholakid 等[49]
2	交互性 （interactivity，IA）	IA1 能按照自己的想法在虚拟学术社区中创造内容（如回帖、发帖、广播、上传资源或分享等） IA2 能按照自己的想法选择或改变虚拟学术社区内容的呈现方式（如选择论坛或版块模式、选择帖子排列方式等） IA3 虚拟学术社区长期征集用户的需求意见，并结合需求定期更新平台 IA4 与虚拟学术社区的交互是稳定流畅的	Tuuis 等[66]
3	感知愉悦性 （perceived pleasure，PP）	PP1 使用虚拟学术社区的过程令人感到很快乐 PP2 使用虚拟学术社区的实际体验是舒适的 PP3 使用虚拟学术社区是富于乐趣的	Agrifoglio 等[67]； Kang 等[68]
4	满意度 （satisfaction，SA）	SA1 认为使用虚拟学术社区是明智的事情 SA2 决定使用虚拟学术社区是正确的 SA3 参与虚拟学术社区能获得一定的收获与满足 SA4 使用虚拟学术社区的过程和体验是满意的	Mckinneg 等[69]

续表

序号	变量	测量题项	题项参考资料
5	相对优势 （relative advantage，RA）	RA1 使用虚拟学术社区，知识获取和信息交流的效率明显提高 RA2 相比较其他知识获取渠道（如课堂、线下学术交流等），虚拟学术社区的使用更加方便、便捷 RA3 相比较其他知识获取渠道（如课堂、线下学术交流等），虚拟学术社区的使用受到的硬件和条件限制更少 RA4 觉得虚拟学术社区很有用、很有优势	Shih[58]； 赵雪芹等[70]
6	兼容性 （compatibility，CP）	CP1 使用虚拟学术社区符合用户的学习方式 CP2 虚拟学术社区的界面和功能与用户的使用习惯和风格相兼容 CP3 虚拟学术社区与用户的经验、价值观、信念相兼容	Kim 等[59]
7	易用性 （easy of use，EOU）	EOU1 学会使用虚拟学术社区的功能和进行操作是容易的 EOU2 很容易在虚拟学术社区中搜索和获得自己所需的信息知识 EOU3 认为虚拟学术社区的导航列表是清晰易懂的 EOU4 认为虚拟学术社区的各种操作和功能使用都是容易的	赵雪芹等[70]
8	主观规范 （subjective norm，SN）	SN1 家人、朋友和同学中很多人都在使用虚拟学术社区 SN2 老师、朋友和同学中很多人都认为应该使用虚拟学术社区 SN3 对用户行为影响很大的人促进用户更愿意使用虚拟学术社区	彭希羡等[71]
9	持续使用意愿 （continuance intention，CI）	CI1 将来，打算继续使用虚拟学术社区 CI2 将来，使用虚拟学术社区进行知识交流和分享，而不使用其他的方式代替 CI3 将来，打算增加每次光顾虚拟学术社区的时间 CI4 将来，打算增加每周登录虚拟学术社区的次数 CI5 会向亲朋好友推荐使用虚拟学术社区	Agrifoglio 等[67]

4.4.2 数据收集

本节采用方便抽样法，在科学网、小木虫、丁香园、经管之家上进行问卷调查。本次研究中所获取的问卷总份数为309份，其中有效问卷262份。在用户基本特征方面，本次问卷调查得到8个维度的数据，分别是性别、年龄、学历、学科、经常访问的虚拟学术社区、虚拟学术社区的使用经历、每次使用虚拟学术社区时长和平均每周使用虚拟学术社区的次数。样本基本情况如表4.2所示，可以看到，本次受访者主要为20~39岁人群（87.79%），

表 4.2 样本基本情况

题项	选项	样本数目	占比/%
性别	男	144	54.96
	女	118	45.04
年龄	≤19	8	3.05
	20~29	155	59.16
	30~39	75	28.63
	40~49	19	7.25
	≥50	5	1.91
学历	本科以下	12	4.58
	本科	107	40.84
	硕士	96	36.64
	博士及以上	47	17.94
学科	经管类	49	18.70
	文史类	49	18.70
	理工类	109	41.61
	医药类	36	13.74
	其他	19	7.25
经常访问的虚拟学术社区	科学网	109	41.60
	丁香园	127	48.47
	小木虫	170	64.89
	经管之家	59	22.52
	其他	15	5.73
虚拟学术社区的使用经验	3 个月以下	17	6.49
	3~6 个月	44	16.79
	6 个月~1 年	76	29.01
	1~2 年	45	17.18
	2 年以上	80	30.53
每次使用虚拟学术社区时长	少于 30 分钟	49	18.70
	0.5~1 小时	96	36.64
	1~2 小时	91	34.74
	2~3 小时	19	7.25
	3 小时以上	7	2.67
平均每周使用虚拟学术社区的次数	每周 1 次或更少	32	12.21
	每周 2~3 次	100	38.17
	每周 4~6 次	78	29.77
	每周 6 次以上	52	19.85

注:"经常访问的虚拟学术社区"一栏数据有重合,为重复统计。

男性居多（54.96%），学历主要集中于本科和硕士（77.48%），学科多为理工类（41.61%）。此外，在虚拟学术社区使用情况上，科研人员经常访问的虚拟学术社区排名依次为小木虫、丁香园、科学网、经管之家、其他；有 2 年以上虚拟学术社区使用经验的用户占比最多（30.53%），1 年以下虚拟学术社区使用经验的用户共计占比为 52.29%，可知虚拟学术社区用户较为稳定，用户数量基本呈增长趋势；在每次使用虚拟学术社区时长调查上，0.5～1 小时的用户占比最多（36.64%），且多数用户平均每周使用虚拟学术社区 2～3 次（38.17%）。

4.5 数据分析及结果

4.5.1 信度分析

信度通过克龙巴赫 α 系数（Cronbach's α coefficient）法来检验，结果如表 4.3 所示。从表 4.3 可以看出，表中的信息质量、交互性、感知愉悦性、满意度、相对优势、兼容性、易用性、主观规范、持续使用意愿 9 个潜变量的克龙巴赫系数位于 0.834～0.893，都达到了标准，说明测量项之间的一致性良好，问卷可靠性较高，可用于进行深入分析。

表 4.3 信度检验结果

变量	题项	校正的项总计相关性	删除项后的克龙巴赫 α 系数	克龙巴赫 α 系数
信息质量	IQ1	0.667	0.976	0.877
	IQ2	0.690	0.976	
	IQ3	0.752	0.976	
	IQ4	0.745	0.976	
交互性	IA1	0.649	0.977	0.834
	IA2	0.682	0.976	
	IA3	0.707	0.976	
	IA4	0.740	0.976	
感知愉悦性	PP1	0.802	0.976	0.893
	PP2	0.766	0.976	
	PP3	0.799	0.976	
满意度	SA1	0.712	0.976	0.883
	SA2	0.708	0.976	
	SA3	0.735	0.976	
	SA4	0.753	0.976	
相对优势	RA1	0.809	0.976	0.891
	RA2	0.730	0.976	
	RA3	0.749	0.976	
	RA4	0.784	0.976	

续表

变量	题项	校正的项总计相关性	删除项后的克龙巴赫α系数	克龙巴赫α系数
兼容性	CP1	0.829	0.976	
	CP2	0.772	0.976	0.876
	CP3	0.779	0.976	
易用性	EOU1	0.752	0.976	
	EOU2	0.762	0.976	
	EOU3	0.713	0.976	0.877
	EOU4	0.760	0.976	
主观规范	SN1	0.683	0.977	
	SN2	0.751	0.976	0.876
	SN3	0.720	0.976	
持续使用意愿	CI1	0.708	0.976	
	CI2	0.732	0.976	
	CI3	0.753	0.976	0.880
	CI4	0.776	0.976	
	CI5	0.725	0.976	

注：总量表的克龙巴赫α系数为0.977。

4.5.2 效度分析

效度采用探索性因子分析和验证性因子分析来进行检验。首先利用SPSS软件对模型进行探索性因子分析，以测量变量各题项之间的相关性，判断数据是否适合进行因子分析。从表4.4可以看出：KMO值为0.971，大于0.8；Bartlett球形度检验的sig值为0.000，达到显著水平（$P<0.001$），说明量表整体上是有效的，对数据进行因子分析是可行的。同时，运用主要成分分析方法提取出9个公因子，累计解释方差为78.289%，表明量表因子结构中的项目分布符合原有结构。

表4.4 KMO检验和Bartlett球形度检验结果

KMO测量取样适当性	Bartlett球形度检验		
	近似卡方	自由度	显著性
0.971	7703.012	561	0.000

其次，使用AMOS软件对模型进行验证性因子分析，以探究测量题项与潜变量之间的适配程度。依据分析结果，剔除标准化因子载荷量不足0.6的题项[①]（表4.3中的RA3、

[①] 不足0.6的题项解释为标准化载荷，也就是因子载荷系数，小于0.6表明题项和潜变量的关系弱，不能代表该潜变量，故将其剔除。

EOU1、CI1），删除后重新编号，最终确定为 31 个题项。从表 4.5 可以看出：信息质量、交互性、感知愉悦性、满意度、相对优势、兼容性、易用性、主观规范、持续使用意愿 9 个潜变量的组合信度都在 0.8 以上，均达到了标准；AVE 值均大于 0.5；测量题项在潜变量上的标准化载荷为 0.650～0.888，从显著水平上来看，均小于 0.001，表明该模型的内在一致性良好，9 个潜变量中的题项都能一致地解释该潜变量。

表 4.5　验证性因子分析结果

变量	题项	标准化载荷	P	组合信度	AVE
信息质量	IQ1	0.693		0.86	0.61
	IQ2	0.728	***		
	IQ3	0.858	***		
	IQ4	0.839	***		
交互性	IA1	0.650		0.82	0.54
	IA2	0.734	***		
	IA3	0.756	***		
	IA4	0.782	***		
感知愉悦性	PP1	0.879		0.89	0.72
	PP2	0.779	***		
	PP3	0.888	***		
满意度	SA1	0.752		0.87	0.62
	SA2	0.750	***		
	SA3	0.814	***		
	SA4	0.828	***		
相对优势	RA1	0.846		0.86	0.67
	RA2	0.767	***		
	RA3	0.845	***		
兼容性	CP1	0.865		0.86	0.68
	CP2	0.792	***		
	CP3	0.812	***		
易用性	EOU1	0.791		0.84	0.63
	EOU2	0.757	***		
	EOU3	0.828	***		
主观规范	SN1	0.803		0.86	0.67
	SN2	0.856	***		
	SN3	0.797	***		
持续使用意愿	CI1	0.734		0.87	0.62
	CI2	0.840	***		
	CI3	0.858	***		
	CI4	0.719	***		

注：***表示呈现出显著性，因子和测量项之间的关联性较强。

4.5.3 模型检验

采用结构方程模型 AMOS 软件，得到模型整体拟合指标值，结果显示卡方与自由度的比值 CMIN/DF、RMSEA、CFI、TLI 和 IFI 分别为 1.973、0.062、0.937、0.926 和 0.937。各项适配度指标值均符合要求，表明该模型具有很好的统计意义和实际意义。

模型路径分析结果如图 4.2 所示。

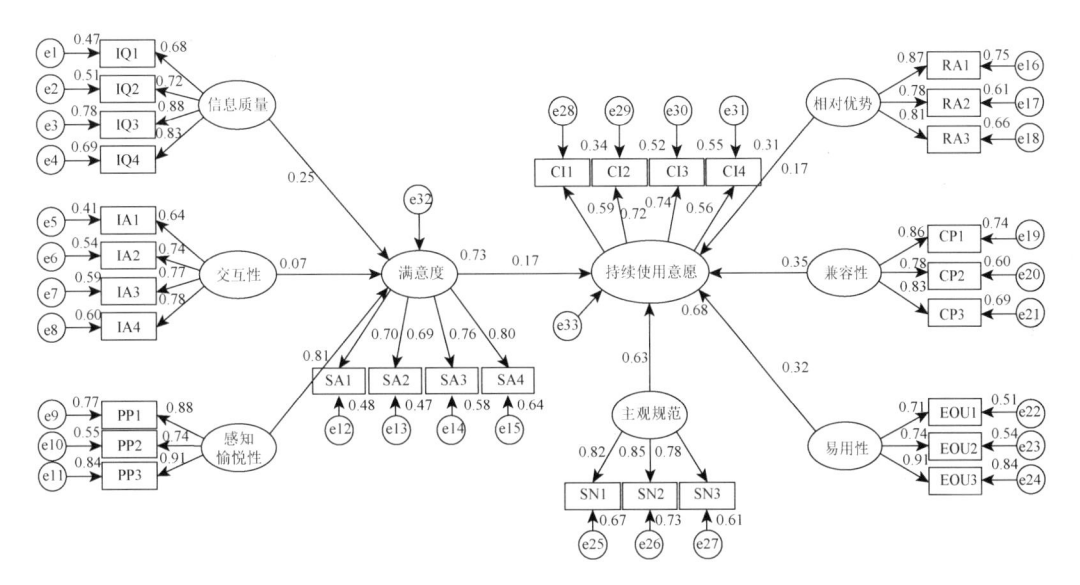

图 4.2 模型拟合图

结构方程模型路径系数结果如表 4.6 所示。

表 4.6 假设关系检验结果

路径关系	标准化回归系数	显著性	验证结果
满意度←信息质量	0.25	<0.001	支持
满意度←交互性	0.07	0.168	不支持
满意度←感知愉悦性	0.81	<0.001	支持
持续使用意愿←满意度	0.17	0.005	支持
持续使用意愿←相对优势	0.17	<0.001	支持
持续使用意愿←兼容性	0.35	0.003	支持
持续使用意愿←易用性	0.32	<0.001	支持
持续使用意愿←主观规范	0.63	<0.001	支持

从图 4.2 和表 4.6 可以看出，本章提出的 8 条关系假设中的 7 条关系假设得到了实验

验证，1条关系假设检验结果为不支持，即假设关系中仅H2未得到支持。同时，根据路径图结果，在模型各因素中，科研人员对虚拟学术社区持续使用意愿的解释力达到了68%。具体分析结果如下：①基于使用与满足理论的4个假设中3个假设得到证实。一方面，信息质量和感知愉悦性双重影响科研人员对虚拟学术社区的满意度；另一方面满意度对持续使用意愿的显著性影响也通过了实证检验。②与创新扩散理论对应的3个假设皆成立。相对优势、兼容性、易用性是科研人员持续使用虚拟学术社区的主要因素。③主观规范对科研人员持续使用意愿的重要影响也得到了验证。

4.6 本章小结

4.6.1 研究结论

根据以上的实证分析，本章可以得到以下结果。

（1）满意度、相对优势、兼容性、易用性、主观规范是影响科研人员持续使用虚拟学术社区意愿的主要因素。研究结果表明主观规范对科研人员持续使用意愿的影响最为明显，标准化回归系数为0.63，说明科研人员参与虚拟学术社区时，感受到的来自社会的压力程度越高越能促使其持续使用，例如，如果老师和同学将自己觉得好用的虚拟学术社区推荐给其他同学，那么他们就更有可能选择并持续使用该社区。因此，虚拟学术社区运营商要充分利用科研人员的社交影响力，引导科研人员邀请好友加入，如设置邀请好友的奖励功能，吸引新用户注册，同时也要提升虚拟学术社区的宣传力度，如设置允许用户将虚拟学术社区信息分享到微博、微信等功能，大力推广虚拟学术社区的影响力。

满意度对持续使用意愿有直接影响，标准化回归系数为0.17。而且，问卷调查结果中满意度的均值为5.84，说明科研人员对虚拟学术社区总体是感到满意的。相对优势、兼容性和易用性对持续使用意愿的标准化回归系数分别为0.17、0.35、0.32，呈现出显著的正相关关系，其结果说明：当科研人员感受到虚拟学术社区相比其他知识获取渠道（如课堂、线下学术交流等）更有优势时，科研人员持续使用意愿就更加强烈；此外当科研人员在体验方面意识到虚拟学术社区与科研人员本身习惯、学习方式等高度兼容时，科研人员更有可能持续使用该社区。在易用性方面，虚拟学术社区的功能和操作更简单和便捷，导航列表更加清晰易懂，科研人员对虚拟学术社区的持续使用意愿更强。这一结果和Kim等[59]的研究结果一致，其研究发现创新扩散理论中兼容性对科研人员选择移动手机意愿的影响最为明显。因此，对于虚拟学术社区而言，虚拟学术社区核心竞争力发展、平台素质提升是保证虚拟学术社区优势的前提，相较于开发华而不实的功能，虚拟学术社区能否为科研人员提供良好的学术交流氛围是科研人员选择应用时更关注的地方。对于兼容性和易用性而言，科研人员能直接感受的移动前端技术与服务建议强化，方便科研人员不受时间和地域的限制访问虚拟学术社区,同时,应用程序开发人员设计其应用程序的各种版本时,应确保这些应用程序与科研人员的现有习惯兼容,注重开发界面简洁和操作便利的平台,提升科研人员的黏度,提升其持续使用意愿。

(2)信息质量和感知愉悦性是影响科研人员对虚拟学术社区满意度的重要因素。其中,感知愉悦性对虚拟学术社区的影响最为显著,标准化回归系数为0.81,说明如果科研人员在使用虚拟学术社区时感到的愉悦程度越高,那么科研人员就越满意。基于此,虚拟学术社区适当加大对休闲交友、知识问答等服务版块的建设力度,从而提升科研人员的满意度。信息质量与科研人员满意度之间的标准化回归系数为0.25,说明虚拟学术社区的信息质量越高,科研人员越满意,例如,当科研人员看到对自己十分有用的信息时,会觉得该虚拟学术社区越有用,从而感到满足。因此,针对虚拟学术社区管理者而言,需要对虚拟学术社区内容质量有较高的要求,对信息本身和信息来源质量进行严格把关,避免出现垃圾广告信息,应该加强虚拟学术社区内容信息的价值性、趣味性,如为虚拟学术社区各版块设置版主或设置举报奖励,从而加强虚拟学术社区的管理。

此外,交互性与满意度之间的标准化回归系数为0.07,系数太小,假设关系检验结果为不支持。交互性是科研人员使用虚拟学术社区时与该社区交互的稳定程度,结果说明交互性不决定科研人员的满意度。假设不成立的原因可能有以下两种:①科研人员使用虚拟学术社区时,更关注于虚拟学术社区的学术功能,不会特别在意使用虚拟学术社区的交互功能;②被调查者大多来自高等院校和研究所,这些科研人员的文化程度较高,对虚拟学术社区的使用是熟悉的。

4.6.2 研究价值

基于融合使用与满足理论、创新扩散理论这两种理论,并引入了社会影响理论中的"主观规范",构建了虚拟学术社区中科研人员持续使用影响因素模型,并对模型进行了验证,为虚拟学术社区持续使用的研究提供了新的视角。结果显示信息质量和感知愉悦性正向显著影响科研人员的满意度,满意度、相对优势、兼容性、易用性和主观规范正向显著影响科研人员持续使用意愿。根据结果,本章针对性地提出了一些相关建议,帮助虚拟学术社区运营商提升服务质量,更好地开展相关服务,有效提升科研人员的黏度,保证虚拟学术社区可持续发展。

第5章

影响虚拟学术社区中科研人员信息搜寻的组态路径

5.1 研究目的

截至 2020 年 12 月,我国互联网普及率达 70.4%[72]。由此可见,人们的工作、生活、娱乐、学习都离不开互联网,从互联网中进行信息搜寻已成为当代研究人员的日常行为,也是必须掌握的技能之一。虚拟学术社区的产生,为人们提供了一个便于搜寻信息、知识交流和合作的平台。虚拟学术社区是以特定的专业主题为内容,进行学术信息交流活动的专业社区,以促进科研人员之间知识再造。国内主要的虚拟学术社区包括学术论坛(如小木虫、经管之家、ResearchGate 等)、学术博客(如科学网、图情博客圈等)、专业社区(如丁香园、CSDN、Academia 等),以及以"中国科技论文在线"为代表的科技论文网络发表平台等。

虚拟学术社区中除了拥有大量的学术信息资源,还有许多其他信息,比如招聘信息、生活经验分享等。不论是刚开始从事科研工作的大学生,还是研究领域的著名学者,均存在着信息搜寻行为以满足特定的信息需求。虚拟学术社区存在许多信息搜寻行为,例如信息检索、信息浏览、在线问答等。依据典型的"90-9-1"法则,即 90%的用户只浏览内容却不贡献,9%的用户会进一步参与交流讨论,仅有 1%的用户会积极主动去创造内容[73]。由此可见,信息搜寻行为在虚拟学术社区中是普遍存在的,信息搜寻行为涉及虚拟学术社区中的大部分用户(如科研人员)。信息搜寻行为是科研人员进行知识交流的前提,然而国内外学者缺少对虚拟学术社区中科研人员的信息搜寻行为的研究。本章目的在于分析科研人员在虚拟学术社区中进行信息搜寻行为的影响因素,旨在推动虚拟学术社区的平台建设,促进虚拟学术社区的知识交流。

5.2 相关研究

信息搜寻行为是指为了满足个人的某些需求,用户有目的地进行查询信息的活动[74],是信息行为的一种。根据文献的检索来看,国内外学者已经对信息搜寻行为进行了相关研究,集中在对健康信息搜寻行为、学术信息搜寻行为、旅游信息搜寻行为和消费信息搜寻行为的研究[75-79],国外学者还产生了一些有关信息搜寻行为理论[80-81]和信息搜寻行为模型的研究成果[82-83]。信息搜寻行为的影响因素也是信息搜寻行为研究的热点问题,针对的人群多为大学生、老年人[84-85],通过挖掘其影响因素来找到用户信息搜寻的内在规律,关注用户的主观意识对信息搜寻行为的影响。

虚拟社区,一个基于信息技术支持的网络空间,核心是参与者的交流和互动,并且在参与者之间形成一种社会关系[86]。而虚拟学术社区属于虚拟社区中的一种,虚拟社区中的信息搜寻行为的研究主要是对信息搜寻行为的特征[87]、信息搜寻行为的模式[88]及信息搜寻行为的影响因素进行研究。根据文献检索来看，学界对虚拟学术社区中用户信息搜寻行为影响因素研究较为充分，研究大多围绕用户认知、用户情感及环境因素[89-90]，阐述用户信息搜寻行为的规律。研究方法主要为问卷调查、访谈法、结构方程模型和扎根理论方法。

总体来看，目前关于虚拟学术社区用户信息搜寻行为的研究较少，但不可否认的是，虚拟学术社区中普遍存在信息搜寻行为，虚拟学术社区用户也存在与之相应的信息需求，由于虚拟学术社区在科研人员信息搜寻、信息交流中的重要性，有必要对虚拟学术社区中科研人员的信息搜寻行为进行总结，分析其影响因素。虚拟学术社区信息搜寻行为的影响因素的研究着重于挖掘单一因素和信息搜寻行为之间的线性对称关系，忽略了多因素对信息搜寻行为产生的组合影响及非对称关系。模糊集定性比较分析（fuzzy-set qualitative comparative analysis，fsQCA）是一种组态分析方法，不受条件之间可能存在相互依赖的影响，揭示不同条件组合和结果之间因果关系的复杂性和非对称性[91]。因此，采用模糊集定性比较分析方法对虚拟学术社区中科研人员信息搜寻行为的影响因素进行探讨。

5.3 研 究 设 计

5.3.1 研究方法

定性比较分析（qualitative comparative analysis，QCA）方法综合了定性和定量两种研究方法的优势，用来研究现实社会中的因果复杂问题，QCA 方法最早于 20 世纪 80 年代由美国社会学者 Ragin 提出[92]。QCA 方法以案例为导向，以整体视角将案例看作条件的组态[91]，其集合论和布尔运算为基础，用于挖掘怎样的前因条件组合会引起结果变量的出现或不出现的变化[93]。

QCA 方法分为清晰集定性比较分析（crisp-set QCA，csQCA）方法、多值集定性比较分析（multi-value QCA，mvQCA）方法和 fsQCA 方法，其中 csQCA 方法和 mvQCA 方法更适合处理、分析二分类变量和多分类变量[92]，fsQCA 方法用于处理描述程度变化或部分隶属的变量，即案例的前提变量和结果变量用介于 0 到 1 之间的数来表示。由于前因变量和结果变量均为程度变量，所以选择 fsQCA 方法进行研究。

为了使研究结果与现实联系更加紧密、解释性更强，不必过于追求条件变量之间的独立性和关系的对称性，fsQCA 方法可以很好地解决这种条件变量之间相互影响的问题。此外，它不仅适合小样本和中等样本数量的案例研究，还适合 100 个案例以上的大样本，以虚拟学术社区中科研人员为案例，进行大样本分析，从而得到影响科研人员信息搜寻行为的不同组态。

5.3.2 变量界定

1989 年，Macinnis 等[94]为了构建和扩展广告信息处理理论，提出了动机（motivation）-机会（opportunity）-能力（ability）理论框架。其中，动机指的是一种引导个体朝着特定目标前进的力量，机会指的是能够增强或阻碍信息处理的情境因素，而能力指的是个体为实现特定行为所拥有的知识和技能。动机、机会、能力三个因素之间的相互关联，最终影响信息行为。MOA 模型提供了一种信息行为分析的框架，用于阐述产生信息行为的具体原因，MOA 模型在许多领域均得到了广泛的应用[28, 95-96]。本小节基于 MOA 模型分析并解释虚拟学术社区科研人员信息搜寻行为的原因。

1. 动机因素

信息搜寻行为是一种具有目的性的用户行为，动机对信息搜寻行为的发生具有促进作用。信息搜寻行为的动机是触发和维持用户信息搜寻行为的直接动力，通过特定行为达成其目标、满足其需求。根据 Deci 等[97]的学习动机理论和自我决定理论，用户自我决定的潜能会引导其进行感兴趣的、促进自身发展的行为。将自我提升和兴趣作为用户信息搜寻行为的动机因素。

在心理学研究中，自我提升是指个体寻求和保持积极的自我意象的动机[98]，在虚拟学术社区中，用户可以通过信息搜寻行为满足个人学业或职业进展的需要，是信息搜寻行为的重要动机。

虚拟学术社区中含有大量且多种主题的信息，能够满足不同用户的兴趣动机，影响科研人员信息搜寻行为的兴趣因素是指科研人员由于兴趣、爱好或好奇心驱使，而进行信息搜寻活动。王蕾[98]指出兴趣是网络信息搜寻行为的影响因素之一；杨昕雅[99]指出在知识型微信社群中兴趣动机是用户持续学习的原动力；陈则谦[100]指出认知兴趣是互联网知识获取的主要原因。

2. 机会因素

机会是指在特定时空中，主体所感知到的促进或抑制其特定行为的外在客观环境中的有效成分[101]。机会不等同于环境和背景，而是对主体感知产生影响的因素。在虚拟学术社区中，机会就是指科研人员对虚拟学术社区的环境、信息与机制的感知。研究人员重点关注虚拟学术社区的信息质量和使用体验。以上关注点都应属于影响科研人员感知的外在客观成分，因此，将感知有用性和感知易用性作为科研人员信息搜寻行为的机会因素。

本书中的感知有用性是指科研人员认为在虚拟学术社区中进行信息搜寻，对自己完成特定目标的提高程度，感知有用性对科研人员的信息搜寻行为的作用已被学者验证。欧阳博等[102]认为在移动虚拟社区中,感知有用性是用户持续信息搜寻行为的关键影响因素。

本书中的感知易用性是指科研人员在虚拟学术社区进行信息搜寻的过程中,感受到的使用的难易程度。杨建林等[103]认为社会化信息平台中,感知有用性和感知易用性均显著正向影响个体的信息搜寻行为。

3. 能力因素

信息搜寻能力是指科研人员对自身是否能够完成信息搜寻活动的主观认知与评价。根据虚拟学术社区的特点,能力主要有信息需求表达能力、虚拟学术社区平台使用熟练度、信息识别和评价能力等信息素养,除了以上能力,自我效能是主体对自身能否完成某一行为的主观判断,也是科研人员信息搜寻能力的重要因素。综上所述,信息素养、自我效能可作为科研人员信息搜寻行为的能力因素。

信息素养是指科研人员在感知信息需求,并且有效地查询、评价和利用信息的素质。主要包括信息需求表达、信息识别(信息的真假、信息是否满足需求等)、信息源选择、信息的使用等方面。信息素养的作用贯穿整个信息搜寻全过程,并影响着信息搜寻的结果。陈则谦[100]指出需求编码能力、查询过程控制能力、查询结果评价能力对网络用户的知识获取有正向相关关系;Kuhlthau[104]指出用户的信息搜寻行为与信息素养有着密切的关系。

自我效能是指人们对自己所拥有的技能是否能完成某一活动的判断[105]。信息搜寻自我效能是指用户对自己的信息搜寻能力的主观评价,较高自我效能可使用户在信息搜寻中更加自信,使之在信息搜寻过程中增加努力程度。自我效能反映出信息用户认为自己拥有信息搜寻、比较和评价能力。张岌秋[106]指出自我效能是虚拟社区中用户信息获取意愿的主要影响因素。

5.4 数据收集

5.4.1 量表设计

本章共涉及 6 个前因变量和 1 个结果变量,每个变量包含 3 个测量变量。所有测量题项均改编自已有的文献,以保证量表的内容效度,并根据中文表述习惯对其进行适当的修改,以适应此次研究的特定情景,具体测量题项如表 5.1 所示。问卷题项的测量采用了李克特 7 级量表,1 表示非常不同意,4 表示中立态度,7 表示非常同意。本实证研究基于先前理论研究展开。依据研究,在问卷的设计上,1~6 题是为了获取和统计被调查科研人员的基本信息,7~24 题是为了测量自我提升、兴趣、感知易用性、感知有用性、自我效能、信息素养 6 个前因变量,25~27 题是为了测量信息搜寻行为这一结果变量。

表 5.1　虚拟学术社区科研人员信息搜寻行为影响因素量表

序号	变量	测量题项	题项参考资料
1	自我提升（self-improvement，SI）	SI1 保持学习或工作的优势 SI2 增强学习或工作的能力 SI3 完成学习或工作任务	Boshier[107-108]
2	兴趣（interest，IN）	IN1 在虚拟学术社区中了解感兴趣的信息 IN2 虚拟学术社区中的内容很有趣 IN3 满足求知欲，开阔眼界	Kim 等[109]
3	感知易用性（perceived ease of use，PEU）	PEU1 虚拟学术社区使用方便 PEU2 虚拟学术社区操作简单 PEU3 熟悉掌握虚拟学术社区的使用方法很容易	赵玉明等[110]；Davis 等[111]
4	感知有用性（perceived usefulness，PU）	PU1 虚拟学术社区中可以有效地搜寻到用户需要的信息 PU2 感觉虚拟学术社区非常有用 PU3 感觉在虚拟学术社区中搜寻信息能使自己更快地完成任务	Davis 等[111]
5	自我效能（self-efficacy，SE）	SE1 有能力搜寻到学习或工作需要的有用信息 SE2 自信能够搜寻到学习或工作需要的有用信息 SE3 在无他人帮助的情况下，用户有信心能够搜寻到学习或工作需要的有用信息	Pavlou 等[112]；Zhou[113]
6	信息素养（information literacy，IL）	IL1 能清楚地表达自己的信息需求 IL2 能判别查询结果中哪些是自己需要的信息 IL3 能调整查询方式或检索方式增加查询的准确性	Tsai 等[114]
7	信息搜寻行为（information search behavior，IS）	IS1 虚拟学术社区是用户进行信息搜寻的渠道 IS2 经常在虚拟学术社区中进行信息搜寻 IS3 花很长时间在虚拟学术社区中进行信息搜寻	Kankanhalli 等[115]；Yan 等[116]；Subramanian 等[117]

5.4.2　数据获取

通过问卷星发放问卷，发放对象为使用虚拟学术社区平台的科研人员。此次问卷调查分别在小木虫、科学网、经管之家、CSDN、丁香园中发帖进行问卷征集，再将问卷发放给使用过虚拟学术社区的同学和朋友，并让他们发放给其他使用过虚拟学术社区的人，共征集问卷 383 份，人工剔除无效问卷，例如，未使用过虚拟学术社区、填写时间过短或过长（不足 1 分钟或超过 10 分钟）、存在缺失值、所有选项全部相同的问卷，最终剩余 321 份问卷作为本次研究样本。本次研究样本的基本信息统计情况如表 5.2 所示。

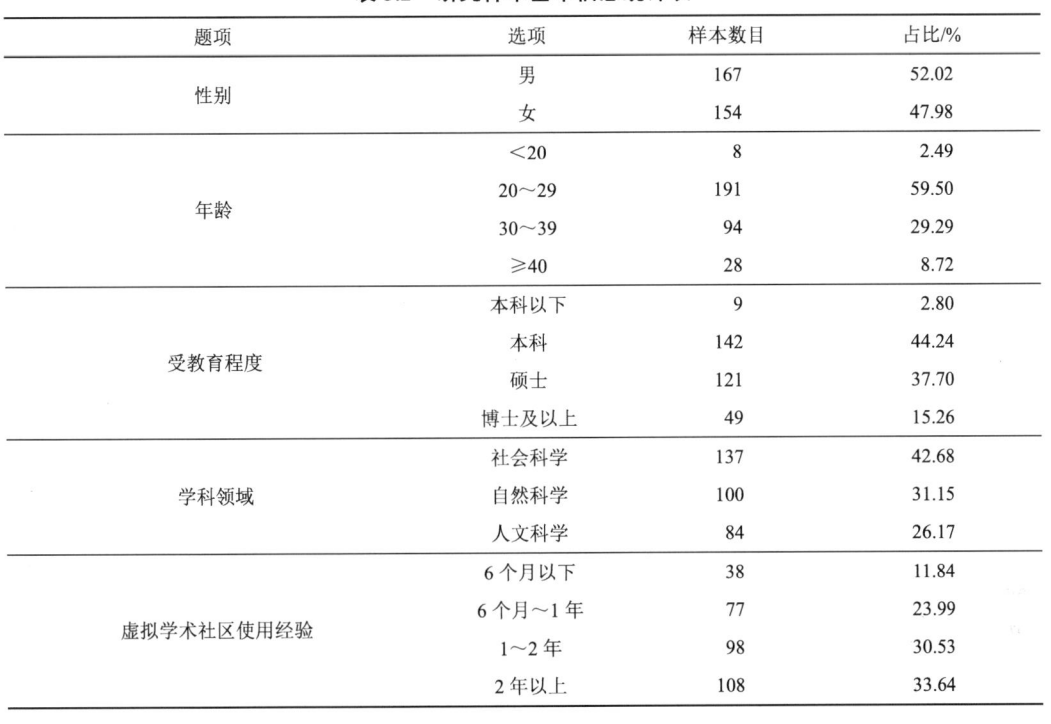

表 5.2 研究样本基本信息统计表

题项	选项	样本数目	占比/%
性别	男	167	52.02
	女	154	47.98
年龄	<20	8	2.49
	20~29	191	59.50
	30~39	94	29.29
	≥40	28	8.72
受教育程度	本科以下	9	2.80
	本科	142	44.24
	硕士	121	37.70
	博士及以上	49	15.26
学科领域	社会科学	137	42.68
	自然科学	100	31.15
	人文科学	84	26.17
虚拟学术社区使用经验	6个月以下	38	11.84
	6个月~1年	77	23.99
	1~2年	98	30.53
	2年以上	108	33.64

5.4.3 信度效度检验

1. 信度检验

信度是检验问卷结果可靠性的指标，采用 SPSS 软件对问卷数据进行信度检验。采用克龙巴赫 α 系数来测量问卷信度，结果如表 5.3 所示，本研究中变量的总克龙巴赫 α 系数为 0.853，各变量内部的克龙巴赫 α 系数均大于 0.8，说明问卷数据的可靠性和各个变量的内部一致性较高。

表 5.3 信度检验

变量	题项	克龙巴赫 α 系数
自我提升	3	0.917
兴趣	3	0.900
感知易用性	3	0.909
感知有用性	3	0.892
自我效能	3	0.908
信息素养	3	0.887
信息搜寻行为	3	0.925
合计	21	0.853

2. 效度检验

效度是检验问卷能否正确反映所要测量的变量的程度，研究主要从结构效度进行检验，采用因子分析法检验问卷的结构效度。利用 SPSS 软件进行效度检验，在进行因子分析之前，需要进行 KMO 检验和 Bartlett 球形度检验（表 5.4），以分析统计数据是否适合进行因子分析。结果表示：KMO 值为 0.802，大于 0.7；Bartlett 球形度检验的 sig 值为 0.000，小于 0.05，表明统计数据适合进行因子分析。

表 5.4 KMO 检验与 Bartlett 球形度检验结果

KMO 测量取样适当性	Bartlett 球形度检验		
	近似卡方	自由度	显著性
0.802	5 440.779	231	0.000

通过对问卷进行探索性因子分析，7 个公因子的总方差的解释率为 84.111%（表 5.5），从因子载荷表中可以看到所有题项在其对应因子上的载荷较高，均大于 0.5，相关性强，而在其他因子上的载荷较低，相关性弱（表 5.6），总体上各变量之间区别效度较高，对应相同变量的不同题项之间也呈现出较好的聚合效度。

表 5.5 7 个公因子解释方差

成分编号	初始特征值			提取载荷平方和			旋转载荷平方和		
	总计	方差百分比	方差累积/%	总计	方差百分比	方差累积/%	总计	方差百分比	方差累积/%
1	6.184	28.108	28.108	6.184	28.108	28.108	3.081	14.005	14.005
2	3.707	16.849	44.957	3.707	16.849	44.957	2.619	11.904	25.909
3	2.120	9.637	54.594	2.120	9.637	54.594	2.591	11.780	37.689
4	1.983	9.012	63.605	1.983	9.012	63.605	2.591	11.777	49.466
5	1.819	8.267	71.873	1.819	8.267	71.873	2.581	11.732	61.198
6	1.410	6.411	78.283	1.410	6.411	78.283	2.544	11.564	72.762
7	1.282	5.827	84.111	1.282	5.827	84.111	2.497	11.348	84.111

表 5.6 旋转后的成分矩阵

变量	题项	成分						
自我提升	SI1	0.002	0.069	0.916	0.148	0.150	0.120	−0.011
	SI2	0.057	0.136	0.859	0.228	0.105	0.184	0.027
	SI3	0.035	0.145	0.842	0.202	0.147	0.215	0.006
兴趣	IN1	0.950	0.054	0.010	0.048	0.004	0.025	−0.003
	IN2	0.870	0.092	−0.047	0.067	0.021	0.040	0.128
	IN3	0.850	0.108	0.025	0.094	0.005	−0.035	0.186

续表

变量	题项				成分			
感知易用性	PEU1	0.131	0.916	0.079	0.083	0.062	−0.007	0.085
	PEU2	0.187	0.866	0.132	0.083	0.013	0.007	0.151
	PEU3	0.135	0.890	0.103	0.076	0.006	0.042	0.123
感知有用性	PU1	−0.017	0.027	0.157	0.136	0.099	0.905	0.018
	PU2	0.009	0.018	0.205	0.179	0.137	0.842	−0.018
	PU3	0.064	−0.004	0.116	0.206	0.076	0.874	0.056
自我效能	SE1	0.003	0.04	0.098	0.018	0.943	0.034	0.023
	SE2	0.034	0.057	0.179	0.143	0.863	0.133	0.046
	SE3	0.008	−0.014	0.090	0.112	0.892	0.138	0.092
信息素养	IL1	0.097	0.085	−0.005	0.09	0.011	0.000	0.929
	IL2	0.173	0.217	0.008	0.036	0.154	0.006	0.834
	IL3	0.175	0.070	0.018	0.082	0.010	0.050	0.876
信息搜寻行为	IS1	0.072	0.112	0.136	0.909	0.113	0.158	0.068
	IS2	0.099	0.072	0.236	0.847	0.120	0.216	0.116
	IS3	0.084	0.079	0.215	0.869	0.066	0.196	0.058

5.5 实证分析

5.5.1 数据校准

在进行组态分析之前，需要对问卷数据进行校准操作，以便将样本数据归为不同的集合隶属。本节在设计测量问卷时选用了李克特 7 级量表，因此必须相应地转换成 0 到 1 之间的隶属度。首先将计算题项的均值作为各变量的原始数据，同理得到各个变量的原始数据。其次通过 fsQCA 软件中 calibrate（x，$n1$，$n2$，$n3$）对整合后的数据进行校准，其中，x 为进行校准的变量，$n1$、$n2$ 和 $n3$ 为 3 个校准锚点，即完全隶属值（0.95）、交叉点（0.5）和完全不隶属（0.05）。设置 3 个校准锚点 7、4 和 1 进行校准，即变量的值为 7，则对应隶属度为 0.95，若变量的值为 4，则对应隶属度为 0.5，若变量的值为 1，则对应隶属度为 0.05，表 5.7 为部分数据校准结果。

表 5.7 数据校准结果

自我提升	兴趣	感知易用性	感知有用性	自我效能	信息素养	信息搜寻行为
0.66	0.88	0.68	0.95	0.27	0.34	0.58
0.84	0.12	0.68	0.58	0.21	0.79	0.91
0.73	0.88	0.85	0.88	0.95	0.73	0.94
0.34	0.84	0.68	0.79	0.05	0.12	0.27
0.88	0.84	0.82	0.88	0.79	0.73	0.88

续表

自我提升	兴趣	感知易用性	感知有用性	自我效能	信息素养	信息搜寻行为
0.73	0.66	0.78	0.66	0.88	0.73	0.58
0.79	0.91	0.88	0.84	0.88	0.88	0.88
0.84	0.91	0.82	0.58	0.91	0.84	0.58
0.84	0.05	0.15	0.94	0.58	0.50	0.58
0.66	0.66	0.73	0.34	0.73	0.88	0.58
0.58	0.66	0.68	0.73	0.66	0.58	0.58
0.27	0.79	0.62	0.58	0.73	0.88	0.91
0.84	0.88	0.78	0.79	0.79	0.50	0.88
0.58	0.58	0.73	0.50	0.73	0.79	0.84
0.50	0.94	0.94	0.73	0.66	0.84	0.73
0.50	0.58	0.62	0.66	0.73	0.58	0.66
0.58	0.66	0.38	0.84	0.94	0.27	0.88
0.88	0.73	0.90	0.79	0.73	0.84	0.79
0.95	0.94	0.94	0.66	0.50	0.73	0.79
0.50	0.58	0.73	0.79	0.58	0.79	0.58

5.5.2　单因素必要条件分析

在进行组态分析之前，需要对每一个前因变量进行必要性分析，即对6个前因变量出现和不出现的情况均进行必要性分析，其中"～"符号表示前因变量不出现，例如"～自我提升"表示在虚拟学术社区中科研人员不具有自我提升的动机。若某一前提条件总与某一结果同时出现，则这个前提条件为该结果出现的必要条件[92]。通过一致性（consistency）来判别某一结果的必要条件，若一致性大于 0.9，则该前提变量为必要条件，而覆盖率（fraction of coverage）是用于衡量必要条件经验相关性的指标，仅对必要条件才有意义[118]。运行 fsQCA 软件进行必要性分析，结果表明各前因变量均不是必要条件（表 5.8）。

表 5.8　必要条件分析结果

项目	一致性	覆盖率
自我提升	0.862 341	0.895 784
～自我提升	0.389 492	0.794 957
兴趣	0.787 402	0.849 609
～兴趣	0.450 720	0.857 143
感知易用性	0.822 111	0.873 749
～感知易用性	0.441 624	0.863 017
感知有用性	0.882 750	0.882 151

续表

项目	一致性	覆盖率
~感知有用性	0.376 504	0.833 083
自我效能	0.797 132	0.875 062
~自我效能	0.454 475	0.839 014
信息素养	0.770 885	0.872 918
~信息素养	0.481 854	0.846 087

5.5.3 组态分析

对数据进行组合和构型分析，在 fsQCA 软件中析出真值表集合，共得到 2^6 种因果组合。根据 Ragin 提出的研究方案，将一致性阈值设置为 0.8，案例阈值设置为 3，不一致性的比例减少（proportional reduction in inconsistency，PRI）一致性阈值设置为 0.7（需要占据总样本至少 75%~80% 的比例），形成满足阈值的条件组合所构成的真值表，如表 5.9 所示。

表 5.9 真值表

自我提升	兴趣	感知易用性	感知有用性	自我效能	信息素养	信息搜寻行为	案例数量
1	1	1	1	1	1	1	93
1	1	1	1	0	1	1	9
1	1	1	1	1	0	1	8
1	0	0	1	1	1	1	7
1	0	1	1	1	1	1	7
1	0	0	1	1	1	1	7
1	1	1	1	0	0	1	6
1	1	0	1	1	1	1	5
1	0	1	1	1	0	1	5
1	0	1	1	0	1	1	5
1	1	0	1	1	0	1	5
1	1	1	0	0	1	0	5
0	1	1	1	1	1	1	3
1	0	1	1	0	0	1	3
1	1	1	0	1	1	1	3
0	1	0	0	0	1	0	3

真值表生成后，可以通过组态分析挖掘样本中前因条件相互组合引致多重并发现象的可行路径，从而说明何种组合能够引起虚拟学术社区中科研人员的信息搜寻行为。fsQCA 软件可得出三种解，即简单解、中间解和复杂解，通过简单解和中间解来区分各组态的核

心条件和边缘条件,其中核心条件在简单解和中间解中均出现,边缘条件仅出现在中间解中[119]。简单解和中间解结合得出研究结果,并采用 Fiss[120]的结果呈现形式,最终产生五种组态,如表5.10所示,分别为自我提升*感知易用性*感知有用性、自我提升*感知有用性*自我效能、兴趣*感知易用性*感知有用性*信息素养、自我提升*兴趣*感知易用性*感知有用性*信息素养、自我提升*兴趣*感知易用性*自我效能*信息素养,这五种组态的一致性均高于0.9,总覆盖率和总一致性分别为0.836 8 和 0.935 5,表明结果中的五种组态解释了科研人员进行信息搜寻的原因。

表 5.10 条件组合结果

项目	信息搜寻行为				
	组态一	组态二	组态三	组态四	组态五
自我提升	●	●		⊗	●
兴趣			•	•	•
感知易用性	●		•	•	●
感知有用性	•	•	•	⊗	
自我效能		●			●
信息素养			•	•	•
原始覆盖率	0.708 3	0.702 5	0.593 1	0.267 9	0.538 6
唯一覆盖率	0.043 2	0.077 7	0.012 9	0.007 2	0.013 5
一致性	0.960 5	0.959 4	0.960 2	0.939 6	0.969 6
总覆盖率	0.836 8				
总一致性	0.935 5				

注:●表示核心条件存在,•表示边缘条件存在,⊗ 表示核心条件缺失,⊗ 表示边缘条件缺失,空白表示该条件出现或缺乏均可,余同。

组态一说明存在自我提升动机,且在感知易用性和感知有用性良好的虚拟学术社区中,科研人员会存在更多的信息搜寻行为,其中,感知易用性是该组态的核心条件,由此可见,此类科研人员更注重虚拟学术社区的感知易用性。由于虚拟学术社区用户多为科研人员,自我提升的动机促进用户对信息的需求,是用户进行信息搜寻行为的内部诱因,而感知易用性和感知有用性贯穿信息搜寻行为整个过程,是科研人员进行信息搜寻行为的最直观感受,作为外部条件会影响科研人员进行信息搜寻行为时感受的变化。内部诱因和外部条件共同作用会促进科研人员进行更多的信息搜寻行为。值得关注的是,组态一与其他组态的最大不同为该组态不存在任何有关能力因素的前提条件(即自我效能和信息素养)。

组态二说明存在自我提升动机,且在感知有用性和自我效能较高的虚拟学术社区中,科研人员会存在更多的信息搜寻行为。与组态一不同的是,组态二不强调良好的感知易用性,但此类科研人员的自我效能较高,由此可见,自我效能的增加消减了虚拟学术社区使用难度。

组态三说明存在兴趣动机,且在感知易用性和感知有用性良好、信息素养较高的虚拟学术社区中,科研人员会存在更多的信息搜寻行为。其中,感知有用性是该组态的核心条件。与组态一不同,当兴趣动机产生信息需求且满足良好的感知易用性和感知有用性后,还需要科研人员本身具有较高的信息素养,这样才会存在更多的信息搜寻行为,因此兴趣动机相较于自我提升动机而言,动机的强度较低,但科研人员较高的信息素养作为内部条件进一步促进了信息搜寻行为。

组态四说明不存在自我提升动机但存在兴趣动机,且在感知有用性较低但感知易用性和信息素养较高的虚拟学术社区中,科研人员会存在更多的信息搜寻行为。该组态代表了一部分不是因为工作或学习压力,更多是因为自身兴趣而进行信息搜寻行为的科研人员,他们并不注重虚拟学术社区中信息的有用性,而是更注重虚拟学术社区信息搜寻行为的难易程度,较高的信息素养也是促进此类科研人员进行信息搜寻行为的前提。组态三和组态四存在一定的相似性,后者可以看作是前者的条件组合的进一步限制,对动机因素和机会因素存在更多控制,因此前者的覆盖率远高于后者。

组态五说明存在自我提升和兴趣动机,且在感知易用性、自我效能和信息素养均较高的虚拟学术社区中,科研人员会存在更多的信息搜寻行为。与其他组态比较,组态五的一致性最高,表明该组态是致使虚拟学术社区中科研人员进行信息搜寻行为的最优组合。

五种组态结果中有四种组态均存在动机因素、机会因素和能力因素的前提条件,由此可见,存在更多信息搜寻行为的科研人员大部分均涉及动机因素、机会因素和能力因素。在五种组态结果中,感知易用性这一前提条件出现了四次,说明科研人员在虚拟学术社区中所感受到的使用容易程度对信息搜寻行为的重要影响,虚拟学术社区开发者应注重虚拟学术社区的可操作程度,以促进科研人员的活跃度。基于兴趣动机而进行信息搜寻行为的科研人员,其感知易用性均较高,由此可见,存在兴趣动机的科研人员更注重系统操作的难易程度。

5.5.4 稳健性检验

通过 QCA 方法进行研究,研究结果的敏感性和随机性较强[118],因此,需进行稳健性检验。目前稳健性检验的方法有很多,比如调整校准阈值,调整案例频数阈值、一致性阈值,添加新的前提变量,增加或减少案例等。通过调整一致性阈值和改变校准锚点进行稳健性检验。根据 Schneider 等[121]提出的两种方法对稳健性结果进行评估。一是若调整一致性阈值和改变校准锚点后,一致性和覆盖率的差异不会产生有意义且不同的实质性解释,则结果就是稳健的,反之,则不稳健;二是若调整一致性阈值和改变校准锚点后,即使组态并不完全相同,但组态之间具有清晰的子集关系,则结果就是稳健的,反之,则不稳健。

调整一致性阈值。将一致性阈值 0.8 改为 0.85 再次进行组态分析，结果如表 5.11 所示，总一致性和总覆盖率微小增加，分别为 0.936 3 和 0.837 0，同样形成了五种组态，组态结果不变。

表 5.11 调整一致性阈值后的组态分析结果

项目	信息搜寻行为				
	组态一	组态二	组态三	组态四	组态五
自我提升	●	●		⊗	●
兴趣			●	●	●
感知易用性	●		●	●	●
感知有用性	●	●	●	⊗	
自我效能		●			●
信息素养			●	●	●
原始覆盖率	0.708 2	0.702 5	0.593 5	0.267 6	0.538 7
唯一覆盖率	0.043 2	0.077 6	0.013 2	0.007 2	0.013 4
一致性	0.961 0	0.959 9	0.961 4	0.939 6	0.970 2
总覆盖率	0.837 0				
总一致性	0.936 3				

调整校准方法，将校准的 3 个锚点由原来的 7、4、1 调整为 6.5、4、1.5 再次进行组态分析，结果如表 5.12 所示，总一致性和总覆盖率有较小差别，分别降低为 0.932 6 和 0.831 2，组态结果未发生变化，最终生成了相同的五种组态，各个组态的原始覆盖率和一致性均有所降低，而各组态的唯一覆盖率均有所增加。

表 5.12 调整校准方法的组态分析结果

项目	信息搜寻行为				
	组态一	组态二	组态三	组态四	组态五
自我提升	●	●		⊗	●
兴趣			●	●	●
感知易用性	●		●	●	●
感知有用性	●	●	●	⊗	
自我效能		●			●
信息素养			●	●	●
原始覆盖率	0.689 5	0.685 6	0.564 9	0.212 3	0.506 9
唯一覆盖率	0.047 9	0.086 6	0.014 7	0.007 7	0.015 0
一致性	0.959 0	0.957 7	0.958 3	0.922 1	0.968 0
总覆盖率	0.831 2				
总一致性	0.932 6				

两种稳健性检验均未改变组态分析结果，总一致性和总覆盖率仅存在微小差异，并未产生有意义且不同的实质性解释，由此可见，此次研究结果是稳健的。

5.6 本章小结

5.6.1 研究结论

科研人员展开工作时必然会存在很多信息搜寻行为，从而满足信息需求。然而虚拟学术社区存在大量的学术信息资源，也是科研人员搜寻信息的重要场所。因此，本章聚焦虚拟学术社区中科研人员的信息搜寻行为的影响因素，从而重视虚拟学术社区中信息的价值，促进信息的利用，提高虚拟学术社区中科研人员的活跃度，以营造良好的知识交流环境。

本章基于动机-机会-能力模型构建虚拟学术社区中科研人员的信息搜寻行为影响因素模型，借助 fsQCA 方法挖掘影响虚拟学术社区中科研人员的条件。最终产生五种组态，分别为：自我提升*感知易用性*感知有用性、自我提升*感知有用性*自我效能、兴趣*感知易用性*感知有用性*信息素养、自我提升*兴趣*感知易用性*感知有用性*信息素养、自我提升*兴趣*感知易用性*自我效能*信息素养。

从结果可以看出，感知易用性在四种组态中均存在，是促进虚拟学术社区中科研人员进行信息搜寻行为的重要条件，而基于兴趣动机的科研人员更注重虚拟学术社区平台使用的难易程度；当感知易用性不强时，自身能力因素的提升也会增加信息搜寻行为；兴趣动机相较于自我提升动机而言，动机的强度较低，在机会因素满足的前提下，需要提高自身能力因素才能更好地获取虚拟学术社区中的信息资源；在必要性结果中，自我提升、感知易用性、感知有用性的一致性和覆盖率均较高，对信息搜寻行为的影响更大；当动机因素、机会因素、能力因素同时满足时，虚拟学术社区中科研人员更可能进行信息搜寻行为。

5.6.2 研究启示

根据研究结果，可以得到如下实践启示。

（1）加强虚拟学术社区建设。虚拟学术社区用户更希望通过虚拟学术社区达到自我提升的效果，这要求虚拟学术社区具有高质量的信息资源，以满足科研人员获取有用信息的需求。虚拟学术社区管理人员加强虚拟学术社区的信息资源建设，重视虚拟学术社区内交流内容和信息的学术性程度，关注信息资源范围的深度和广度，并保证信息资源的数量，是虚拟学术社区持续发展的根本。动机较弱的科研人员对系统使用的易用性要求越高，平台开发人员越应该加强虚拟学术社区的平台建设，关注虚拟学术社区信息搜寻的易用性，如多种信息搜寻方式共存，加强推荐算法，关注虚拟学术社区信息分类和页面导航的合理性，以帮助科研人员查找到目标信息。

（2）加强宣传，引导科研人员使用虚拟学术社区。由于科研人员的工作性质，需要其不断扩大自身的知识范围，具备一定的动机通过虚拟学术社区获取所需信息。虚拟学术社区建设者应该增加平台的学术性和知名度，以吸引更多的科研人员进行信息获取、信息交流和信息共享。虚拟学术社区除了加大宣传，还需要引导科研人员尽快地熟悉虚拟学术社区的使用，以增加科研人员的信息行为。

（3）加强科研人员信息素养的培养。研究结果显示，对动机不强或对虚拟学术社区的感知易用性和感知有用性不强时，科研人员的信息素养越高，其信息搜寻行为越频繁。由此可见，高校、研究所等机构应加强科研人员信息素养的培养，以提高自身自主学习能力和虚拟学术社区信息资源的利用率。

第 6 章

影响虚拟学术社区中科研人员合作信任的组态路径

6.1 研究目的

　　虚拟学术社区的出现无疑为科学知识交流提供了新的方式。虚拟学术社区用户彼此分享经验、交流心得、共享学术资源、丰富知识交流方式的同时，也在一定程度上提高了知识交流效率。互联网中的用户除了是知识信息的吸收者，还兼具信息传递者和信息生产者的多重角色。相比传统的知识交流方式，虚拟学术社区用户吸收知识信息的同时会创造和传递更多的知识信息。可见虚拟学术社区中的知识交流更多表现为用户自发的、自觉的交流。由于互联网环境下的交互更为直接，用户的不确定感会更加显著，这种交流的效果将在很大程度上依赖于用户之间的人际信任[122]。良好的信任环境能有效提高用户参与感和知识共享意愿，构建平等互信的交流关系是促进虚拟学术社区中知识交流能够有效开展的重要条件[123]。此外，虚拟学术社区日益成为科研人员展开合作的重要平台，参与各方达成合作需要建立在互信的基础上[45]。合作团队成立初期需要建立良好的信任关系来鼓励互助互惠并减少投机行为发生，从而帮助实现团队效益最大化[124]。在团队集体决策的过程中，团队成员间的信任也是重要的影响因素[125]。可见，科研人员间的人际信任在虚拟学术社区科研合作中也扮演着重要角色。

　　人际信任的缺失使得当前科研人员对虚拟学术社区的参与度不足。目前多数科研人员在虚拟学术社区中的活动主要是知识获取行为，而对知识分享的意愿不强，这很可能导致虚拟学术社区运营的失败。当科研人员难以确认对方身份和专业能力时，科研人员会倾向于"潜水"，不会积极参与知识共享[126]。这种情况会使得虚拟学术社区中科研人员更多地选择单纯获取信息而不积极共享信息，进而导致科研人员整体参与感下降。长此以往，科研人员将很难获取更多有价值的信息，其感知收益的下降会使其逐渐退出虚拟学术社区，从而转向其他渠道交流信息。而有着较高科研人员流失率的虚拟学术社区很可能面临消失的危险。

　　可见，科研人员间的人际信任是提高虚拟学术社区知识共享效率的重要前提，也是虚拟学术社区能够持续健康发展的重要条件，探讨影响科研人员人际信任构建的因素有助于为虚拟学术社区相关建设提供参考和借鉴。在现有相关研究的基础上，通过组态分析区别其中重要因素和边缘因素，将有利于虚拟学术社区制定更具系统性和针对性的改进策略。综上所述，本章在吸取先前研究的宝贵经验基础上，结合相关理论，运用 fsQCA 方法探究影响虚拟学术社区中科研人员间的人际信任的因素并对其展开组态分析，明确其中关键要素和组合方式，得出人际信任构建的不同路径，丰富相关理论并为虚拟学术社区构建良好的人际信任环境发展提供参考。

6.2 相关研究

6.2.1 关于人际信任的研究

20世纪50年代，美国心理学家莫顿·多伊奇（Morton Deutsch）对"囚徒困境"中的信任进行实验研究[127]，自此引发了学界对信任相关问题的关注。对信任的定义，学界有以下几种观点：Mayer等[128]认为，信任是一方愿意处于另一方的行为使自己的利益可能受到伤害的状态，同时认为另一方有重要的作用，而不考虑监督或控制另一方的能力；Corritore等[129]认为移动互联网时代的在线信任是在在线情形下，某人确信自身的脆弱不存在被揭露的风险的心理状态；Luhmann[130]认为信任是一个社会复杂性的简化机制。处于虚拟学术社区中的用户的人际信任主要是其在和其他成员交流过程中产生的。影响用户产生人际信任的原因主要有以下两个方面：一方面用户会因为一些不法分子以非法手段对用户个人信息的刻意收集产生个人隐私安全担忧[131]；另一方面交流信息质量水平和可信度等因素会导致社区成员在进行知识交流时存在一定的感知风险[132]。因此，结合用户使用虚拟学术社区的实际体验，借鉴Mayer等对信任的定义，即在预期对方会表现出在合乎自己利益的基础上而愿意为此承担伤害的风险[133]，以期对本章的研究有所指引。

6.2.2 关于虚拟学术社区人际信任的研究

目前，国内外学者对虚拟学术社区中人际信任的影响因素展开了一系列研究，按照研究发现的影响因素的不同主要分为两类。一类研究认为信任关系是通过不断扩大的互惠互利关系建立的，即认为用户参与虚拟学术社区活动目的在于获取知识或其他收益，在此基础上用户为获取更多知识逐渐和他人扩大这种互惠的深度和范围，进而形成一定的人际信任。Tsai等[134]认为用户对他人提出问题的回应的质量和感知收益，对信任关系的构建有显著影响。Fang等[135]认为虚拟学术社区的信息支持、奖励等是信任关系建立的关键因素。朱玲等[136]发现知识的质量、附加值等对用户希望获取该知识的意愿有显著影响。另一类研究认为良好的人际信任是由一些诸如情感联结、用户身份认同等并非出于互利目的的因素促成的，这些学者认为用户对其他成员的人际信任是由交流中的良好体验促成的。例如：Gong等[137]发现感知满意度、社会关系、系统质量、声誉等因素与人际信任息息相关；王仙雅[138]提出虚拟学术社区中的互动提升了用户间的互动感、满意度和归属感，这些要素间接影响了信任关系，从而促成虚拟学术社区用户良好互动；王战平等[139]发现用户相似性、熟悉程度、信息披露程度、身份特征和友好度都影响信任关系的形成；赵欣等[140]指出用户在多次交互中形成的以情感联结为纽带的情感信任是形成良好人际信任的重要因素。

从目前的研究成果可以看出，学界对信息质量、用户感知有用性、用户情感归属、用户身份等因素的影响已形成一定共识，并且逐渐形成了从互惠性因素展开分析和从非互惠性因素展开分析的两种研究视角。但无论以何种视角切入，目前的研究多为证实哪些因素存在对信任关系构建的影响，而对这些因素以何种方式组合进而影响信任关系构建，以及在组合中哪些因素发挥何种作用的问题讨论并不充分。此外，当前基于 fsQCA 的实证研究多采用调查问卷收集实证数据，但问卷调查具有较强的主观性，且难以全面真实地反映受访者的态度和意愿。Simmel[141]在《社会学：关于社会化形式的研究》中对信任理论做了论述，他认为信任是重要的社会综合理论，其形成必然受到多方面因素综合作用的影响。了解各种因素在不同组态中的重要程度，它们对指导虚拟学术社区建设有何重要意义。同时考虑问卷收集数据的局限性，拟对虚拟学术社区中的科研用户开展访谈，对访谈文本进行情感得分计算，以此作为研究数据。随后，在此基础上运用 fsQCA 方法展开组态分析，明确关键影响因素，弥补当前研究不足的同时，在一定程度上克服问卷调查难以充分反映受访者实际意愿的局限，为虚拟学术社区信任关系构建提供更加系统的、客观的参考。

6.3 研究设计

6.3.1 研究框架

研究总体框架如图 6.1 所示。首先结合现有理论与相关研究成果设计变量，根据选取的变量设计访谈提纲，提纲中包括若干围绕上述变量展开的开放性问题。完成访谈后对经过整理的访谈文本进行情感分析，得出不同受访对象对不同问题的情感得分以形成可用数据，之后对其进行模糊集校准后开展 fsQCA，分析各种逻辑组态得出研究结论与建议。

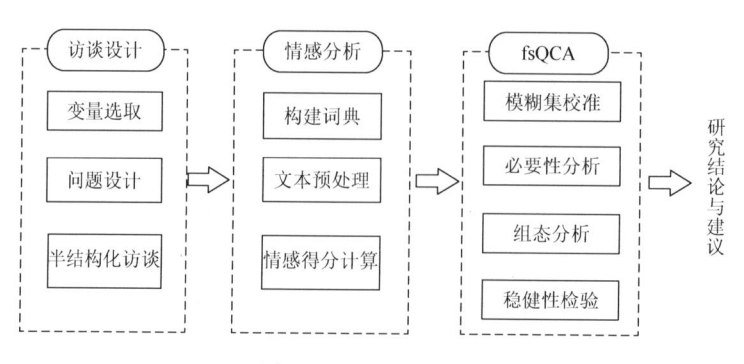

图 6.1 研究总体框架

6.3.2 研究方法

本章所采用的研究方法主要有半结构化访谈、情感分析和 fsQCA 方法。

半结构化访谈是一种基于开放式访谈提纲的质性调研方法，其访谈的问题并不固定，研究者可以灵活调整谈话方式、问题等[136]。相比结构化的问卷调研，半结构化访谈便于受访者更全面、系统地阐述对某一问题的看法，适合研究所需。

情感分析有很多分支方法，所采用的是基于情感词典的情感分析方法。该方法需要研究者构建积极倾向和消极倾向两类情感词典并为不同倾向的情感语词赋予一定分值，统计整篇文本中出现的上述语词来完成文本情感得分的计算[142]。对访谈文本进行情感分析能够在受访者尽可能全面地表达对某一问题看法的基础上量化用户的态度倾向，相比问卷调查有利于提高研究数据的全面性和准确性。

fsQCA 方法以集合理论和构型理论为基本思想，同时引入模糊集理论处理部分隶属问题。该方法认为条件对结果的影响并非独立，且条件和结果的关系非对称，能够考察复杂社会现象的条件组合和影响方式[143]。应用 fsQCA 方法展开研究，通过持续比较不同案例，能够考察不同条件下各要素对结果变量的组态影响，有利于从系统的视角形成更贴合实际情况的研究结论。

6.3.3 理论基础与变量设计

在现有研究成果的基础上，结合当前学界从互惠性因素影响和非互惠性因素影响出发，开展相关研究的两个视角，梳理 CSSCI 与 Elsevier 数据库中相关文献，结合相关理论设计前因变量。

1. 社会交换理论

社会交换理论认为,社会交换的发生使得参与双方能够获得一些收益,随着时间推移,获得收益的增加会逐渐增进处于交换关系中双方的互信[144]。在虚拟学术社区环境中，成员间的交互多以互惠为基础,成员分享知识的行为与其人际信任的良好程度呈显著的正相关关系[145]。在用户交流知识的过程中，感知响应和感知收益是互惠的重要形式[146]。基于上述分析，选取信息支持、信息质量两个前因变量用于测度感知响应和感知收益两种重要的互惠形式[147-148]，探究互惠性因素对虚拟学术社区人际信任构建的组态影响。

2. 社会网络理论

社会网络理论可用于信任现象的分析[149]。整个网络关系的强度取决于关系双方的情感强度、亲密程度等[150]。在虚拟学术社区中，用户的交互[133,151]、相似程度[152]、身份认同[139]、情感归属[153]等因素均是影响用户间人际信任形成的重要因素。以此选取上述因素作为前因变量，分析非互惠性因素对虚拟学术社区人际信任构建的组态影响。

综上，设置了成员互动、用户身份认同、感知相似性、情感归属、信息支持和信息质量共 6 个影响因素作为研究的前因变量。虚拟学术社区科研用户人际信任影响因素潜在变量说明如表 6.1 所示。

表 6.1 虚拟学术社区科研用户人际信任影响因素潜在变量说明

变量类别	变量名称	描述
前因变量	成员互动	用户在虚拟学术社区中交互频次和体验等[133, 151]
	用户身份认同	对用户在虚拟学术社区中的头衔、声望、专业水平等的认同程度[152]
	感知相似性	用户与其他成员在专业背景、身份特征等方面的相似程度[139]
	情感归属	用户在虚拟学术社区中被关心和帮助的需求[153]
	信息支持	虚拟学术社区中信息的丰富程度、成员对用户提问的反馈、响应等[187-189]
	信息质量	虚拟学术社区中信息内容的完整性、准确性等[147-148]
结果变量	人际信任	虚拟学术社区中的成员是否可信

6.3.4 数据收集与预处理

1. 数据收集

根据表 6.1 的变量，参考以往研究成果设计访谈提纲，每个变量设有一个开放性问题，以半结构化访谈的方式展开调查，收集质性数据。由于虚拟学术社区用户多为高校和科研机构的教研人员和学生，选取的访谈对象均为在校研究生。完成访谈后对访谈文本进行整理和筛选得出 30 篇可用的访谈文本。在这 30 名访谈对象中，男性 15 名，女性 15 名，性别比例分布均衡；在受教育程度上，博士研究生 14 名，硕士研究生 16 名，访谈对象的受教育程度基本符合研究需要；每一位访谈对象对至少 1 种虚拟学术社区有深度使用体验，其所使用的虚拟学术社区包括小木虫、科学网、丁香园、经管之家、CSDN 等。

2. 数据处理

由半结构化访谈获得的质性的文本数据不能直接用于分析，因此在开展分析前要对这些数据进行处理使之量化，形成 fsQCA 可用的定量数据。因为访谈对象对访谈问题的回答带有一定的情感倾向，对这种情感倾向进行量化可以得到访谈对象对不同变量所表征的问题的不同态度，帮助完成后续分析。为完成上述访谈数据的处理，参考现有成果并基于 HowNet 情感词典设计本节所用情感词典，将情感词典中表达积极情感倾向的语词分值设为1，表达负面情感倾向的语词分值设为−1，将程度副词词典中表达5类不同程度级别的副词权重分别设为8、6、4、2、0.5，编写Python程序对文本进行分词、去除停用词等预处理，提取各个分句中的情感语词和与之相关的程度副词，计算访谈文本情感分值[142]。由于HowNet情感词典在实际应用中存在一定的误差，在机器运算结果的基础上对数据辅以人工判读，结合原始文本对机器判断有误的数据进行校正，形成可用的数据集。部分经过校正的访谈文本情感得分如表6.2所示。

表6.2 访谈文本情感得分（部分）

案例编号	成员互动	用户身份认同	感知相似性	情感归属	信息支持	信息质量	人际信任
1	0	4	−3	−1	3	−1	1
2	0	1	2	0	1	6	2
3	5	1	3	4	3	7	5
4	4	6	5	−1	1	0	3
5	2	0	1	−1	12	−1	1
6	−1	−8	0	2	−1	−5	−5
7	6	5	3	−3	−2	1	0
8	1	2	5	−1	5	−3	0
9	3	8	4	9	0	−3	0
10	−1	5	0	−2	−6	0	2

3. 模糊集数据校准

原始数据需要校准为位于0~1范围的模糊集得分，以便开展fsQCA。分别把一组数据中的最大值、中间值和最小值设为完全隶属、交叉点和完全不隶属，应用fsQCA3.0软件中的calibrate函数对原始数据进行校准。结合整理后的情感数据情况，选定的各组数据校准锚点如表6.3所示。数据完成校准后使用fsQCA3.0软件进行相关分析。

表6.3 模糊集校准锚点

临界值	研究变量						
	成员互动	用户身份认同	感知相似性	情感归属	信息支持	信息质量	人际信任
完全隶属	6	10	10	9	12	7	6
交叉点	0.75	2	1.5	0	0.5	0	0
完全不隶属	−2	−8	−8	−3	−7	−7	−5

6.4 实证分析

6.4.1 单项前因条件必要性分析

校准后的数据在进行组态分析前需要进行必要性分析。对不同组态的前因条件展开必要性分析,将结果中一致性大于 0.9 的变量视为必要条件,并在后续组态分析时进行设置以防被约简。

对校准后数据进行单项前因条件必要性分析,各变量一致性结果如表 6.4 所示。

表 6.4 必要性分析结果

前因变量	结果变量	
	高水平信任	低水平信任
成员互动	0.677 103	0.700 219
~成员互动	0.724 985	0.777 535
用户身份认同	0.833 027	0.805 981
~用户身份认同	0.703 499	0.831 510
感知相似性	0.749 540	0.759 300
~感知相似性	0.707 796	0.784 099
情感归属	0.693 063	0.698 031
~情感归属	0.703 499	0.773 158
信息支持	0.720 688	0.650 620
~信息支持	0.707 182	0.857 768
信息质量	0.740 945	0.719 913
~信息质量	0.760 589	0.876 003

注:"~"代表逻辑运算"非"。

通过必要性分析可知,无论结果变量为高水平信任还是低水平信任,所有前因变量的一致性均低于 0.9,表明上述所有前因变量均不构成单项必要条件。

6.4.2 fsQCA 组态分析

本节共选取了 6 个前因变量,因此会产生 2^6 个组态结果。将案例选择频数设为 1,一致性门槛设为 0.8,将 PRI 一致性大于 0.75 的组合中结果变量标记为 1\PRI 一致性小于 0.75 的组合中结果变量标记为 0,在此基础上展开组态分析。

fsQCA 会产生复杂解、中间解和简约解。由于中间解不会约简必要条件，一般汇报中间解，同时结合简约解和必要性分析来区分核心条件和边缘条件[154]。若前因条件同时出现简约解和中间解，或者在必要性分析中表现为必要条件，则将其记为核心条件；若此条件仅出现在中间解中，则将其记为边缘条件[91]。按照上述规则开展组态分析。

由于之前的单项条件必要性分析中没有发现构成必要条件的前因变量，将在组态分析中对比简约解和中间解，分析核心条件与边缘条件。结合上述分析，按照前文所述计算规则运用分析软件 fsQCA 3.0 对数据进行组态分析，组态分析结果如表 6.5 所示。

表 6.5 组态分析结果

前因条件	高水平人际信任				低水平人际信任
	H1	H2	H3	H4	L1
成员交互	⊗	●	●	•	⊗
用户身份认同	●	●	●	⊗	⊗
感知相似性	⊗	•	•	•	⊗
情感归属		●		●	⊗
信息支持	●	⊗	⊗	●	⊗
信息质量	⊗		•	●	⊗
原始覆盖率	0.434 009	0.396 562	0.437 692	0.326 581	0.497 447
唯一覆盖率	0.024 555	0.031 308	0.061 387	0.020 258	0.497 447
解的一致性	0.994 374	0.952 802	0.950 667	0.988 848	0.979 885
总体覆盖率	0.675 875				0.497 447
总体一致性	0.936 225				0.979 885

注：H1~H4 为产生高水平人际信任的组态路径，L1 为导致低水平人际信任的组态路径。

为保证组态分析所得的路径具有一定的代表性，仅保留唯一覆盖率高于 0.01 的组态路径。通过分析可以得出：产生高水平人际信任关系的组态路径有 4 种；导致低水平人际信任关系的组态路径有 1 种。

6.4.3 稳健性检验

由于 fsQCA 具有一定的敏感性和随机性，对其开展稳健性检验是必要的。采用集合论方法，通过删减案例的方式进行稳健性检验，以确保分析结果的合理性和准确性[118]。

为检验分析结果的稳健性，随机删除了 30 个观察案例中的 2 个，再次进行高水平人际信任组态分析。删减案例后稳健性检验结果如表 6.6 所示。

表 6.6 删减案例后稳健性检验结果

前因条件	高水平人际信任			
	H1	H2	H3	H4
成员交互	⊗	●	●	●
用户身份认同	●	●	●	⊗
感知相似性	⊗	●	●	●
情感归属		●		●
信息支持	●	⊗	⊗	●
信息质量	⊗		●	●
原始覆盖率	0.425 587	0.392 298	0.436 031	0.311 358
唯一覆盖率	0.026 109	0.033 289	0.065 274	0.018 929
解的一致性	0.993 902	0.949 447	0.947 518	0.987 578
总体覆盖率	0.667 102			
总体一致性	0.931 632			

从表中结果可以看出，H1~H4 路径基本相同，仅在原始覆盖率、唯一覆盖率和解的一致性方面存在细微差异。由此可见，分析结论是可靠的，具有参考价值。

6.5 本章小结

6.5.1 研究结论

在现有成果的基础上，通过设计访谈并对其文本进行情感得分计算的方式完成量化，以此展开 fsQCA，得出了虚拟学术社区中产生高水平人际信任的 4 条组态路径（H1~H4）和低水平人际信任的 1 条组态路径（L1）。各组态路径的内涵如下。

H1 路径（成员交互*用户身份认同*感知相似性*信息支持*信息质量）：科研人员最初进入一个虚拟学术社区时与其他成员的交流必然很少，对虚拟学术社区中的信息质量也无从判断，此时其他成员的身份头衔、标签和其提供信息的丰富程度成为科研人员判断该成员是否可信的重要依据。一些虚拟学术社区中头衔较高或在现实生活中有较高社会地位的成员很容易在此时赢得科研人员的信任；部分对科研人员提问反馈较为及时或发言较为频繁的成员也可能获得科研人员的好感。

H2 路径（成员交互*用户身份认同*感知相似性*情感归属*信息支持）：随着科研人员与虚拟学术社区其他成员的交流越发深入，交互次数也会随之增加，科研人员也能更好地感知彼此间经历、背景的相似性，进而产生一定的情感联结，在这样一种交互环境下，即使信息支持情况较差,科研人员依然能够形成很好的信任关系。在这种情景下,虚拟学术社区虽然有较好的人际信任稳定性,并且成员能够长期维持一种良好的交互,但新用户进入后融入现有群体将会经历一个长期的过程,从而降低了虚拟学术社区吸引新用户加入的能力。

H3 路径(成员交互*用户身份认同*感知相似性*信息支持*信息质量):当虚拟学术社区中科研人员与其他成员的交流达到一定深度后,科研人员对彼此个人背景的了解逐渐完善。虽然科研人员还没有产生情感上的归属,但在这种相对充分交流的基础上,他们也会慢慢了解彼此交流信息的全面性、准确性,对信息质量也会产生一定的判断。在这一组态路径中,成员交互和用户身份认同对人际信任的形成发挥着重要作用,而信息质量和感知相似性起到一般性的作用。

H4 路径(成员交互*用户身份认同*感知相似性*情感归属*信息支持*信息质量):一些虚拟学术社区不会直接展示完整的科研人员头衔(如科学网),在这种情况下,科研人员难以直观判断虚拟学术社区成员的身份,不过这并不会对后续交流的开展产生过大的影响。后续交流的深入使得科研人员可以很好地判断信息的质量,随着交流的扩大,科研人员也会渐渐熟悉彼此,进而产生情感归属。信息质量和情感归属在此组态中作为关键因素出现;信息支持环境也会对科研人员间人际信任的形成起到辅助性的作用。

L1 路径(成员交互*用户身份认同*感知相似性*情感归属*信息支持*信息质量):在上述前因变量都有缺失的情况下,虚拟学术社区中的科研人员难以构建良好的人际信任关系。缺少互动会使得科研人员无法寻找到与自己个体背景较为相似的成员,对信息支持环境也难以判断,进而无法产生稳定的情感联结;科研人员身份标签的不明确和信息质量的不足也会极大地影响科研人员间人际信任的构建。

从上述结果中可以看出,成员交互、用户身份认同和感知相似性 3 个前因变量在 4 条高水平人际信任的组态路径中出现过 3 次。其中用户身份认同均作为核心条件出现,表明科研人员对其他成员的信任更多地来自对其身份、头衔的信任;成员交互作为核心条件出现 2 次,它是科研人员感知自身与其他成员相似性,产生情感归属的重要基础;感知相似性出现 3 次,均为边缘条件,虽然它并不作为核心条件出现,但其较高的出现频次依然值得重视。情感归属、信息支持和信息质量均出现 2 次,且都是作为核心条件和边缘条件各出现 1 次,情感归属是维系科研人员人际信任长期稳定的重要因素,信息支持和信息质量也是推动信任关系形成的重要基础,相比成员交互、用户身份认同和感知相似性重要程度较低,但其作用不应被忽视。

6.5.2 研究启示

本章研究的立足点在于发现促进人际信任形成和导致人际信任衰弱的组态路径,在此基础上为虚拟学术社区构建良好的人际信任环境、实现持续健康发展提供一种思考。虚拟学术社区运营主体可参考以下两个方面的建议展开相关优化和建设工作。

首先,通过 fsQCA 进行组态分析得出了 4 条产生高水平人际信任的组态路径和 1 条产生低水平人际信任的组态路径,每一条路径都对应不同的虚拟学术社区的实际情况。虚拟学术社区运营主体可在梳理自身发展状况的基础上,纵向参考与自身实际相契合的组态路径,着力加强其中核心条件的优化和建设,继续巩固和完善其中的边缘条件,尽力打造良好的人际信任环境。

例如,处于初创期,科研人员群体交互水平较低的虚拟学术社区可参考路径 H1,重点打造良好的信息支持环境和用户等级身份制度,设置奖励鼓励科研人员积极响应他人的提问,改进后台算法为科研人员提供更丰富的信息推送;同时设置用户专业水平认证机制,完善用户身份标签展示方式,帮助科研人员更好、更快识别具有一定学术权威的高水平回答者。

信息支持环境相对较差但用户群体相对稳定的虚拟学术社区可参考路径 H2 和 H3,大力开展各种交流活动,促进虚拟学术社区内科研人员的良好互动;推进用户身份认证机制建设、树立标杆,引导科研人员向虚拟学术社区内的学术权威看齐;在加强上述两方面建设的同时,虚拟学术社区运营主体还要丰富用户资料卡的展示方式,设置更细粒度的专业版块划分方式,便于科研人员在海量成员中发现与自己相仿的朋友。

若虚拟学术社区的运营目标是打造丰富、完备的知识信息共享平台,则可参考 H4 路径展开建设,重点打造系统可靠的信息分享环境,加强信息质量方面审查,鼓励科研人员积极分享知识信息,完善相关奖励制度;以信息支持和信息质量为建设重点的同时,不能忽视成员交互和情感归属的建设,虚拟学术社区仍要花费一些精力营造良好的交流氛围,以便本社区高质量信息能够发挥更大的效用。

此外,虚拟学术社区运营主体还应对照低水平人际信任组态路径抓紧补齐短板,特别是要注重引导科研人员加强交流、促进科研人员情感交流、提高专业水平较高或现实中有权威学术地位的科研人员的存在感、加强信息筛选以提升整体质量,避免因上述条件的缺失导致人际信任环境的崩塌,影响虚拟学术社区后续发展。

其次,横向对比 4 条高水平人际信任组态路径可以看出:成员交互和用户身份认同作为核心条件出现次数最多;感知相似性作为边缘条件出现 3 次,重要性次之;情感归属、信息支持和信息质量分别作为核心条件和边缘条件各出现 1 次,对良好人际信任的形成也有一定的积极作用。

用户良好的交互体验是形成良好人际信任的基础,虚拟学术社区运营主体可在横向对比组态路径的基础上重点加强科研人员交互方式、身份介绍和表征方面的优化建设。例如虚拟学术社区可通过开发移动 APP 或建立相关的微信群或 QQ 群为科研人员提供更实时的交互平台,让科研人员在学术交流之余可与其他成员分享生活、增进感情;虚拟学术社区可以进一步细化专业版块划分，进一步完善个人标签展示方式，以便于科研人员寻找相似群体，从而建立稳定联系；考虑到身份认同的重要性，虚拟学术社区还要积极引导科研人员关联其他平台账号，以便于其他成员寻找领域内权威答主，从而提高科研人员身份认同水平。

在良好的交互环境建立后，情感归属产生的重要基础逐渐形成，此时虚拟学术社区要继续引导科研人员开展情感交流，组织虚拟学术社区活动增进科研人员情感交流；虽然信息支持与信息质量的重要程度不及上述因素，但考虑信息的交流是虚拟学术社区中基于互惠关系的人际信任形成的基础[143]，虚拟学术社区应继续巩固和完善信息支持环境，鼓励科研人员积极分享知识、及时回复其他成员提问；同时要注意发布信息准确性、完整性方面的审查，着力提高信息质量，从整体上分步协调推进虚拟学术社区良好的人际信任环境的建设。

第 7 章 >>>

影响虚拟学术社区中科研人员合作行为的组态路径

7.1 研究目的

随着科学技术的快速发展和学科领域的不断扩展,科研合作已然成为学界主流的科研方式。科研合作可以使不同的知识实现集成,不同知识背景的研究人员进行知识碰撞,因此,科研合作有利于促进创新思想的产生,提高科研工作者的工作效率。同时,科研合作有助于多领域、多学科的交叉与融合,有利于缩短科研产出的周期。随着计算机网络技术的发展给科研合作提供了更为便利的渠道,科研合作的范围得到极大的拓展,打破了传统科研合作范围小、地域性强等局限性。科研工作者可以在互联网上自由地交流沟通,使科研交流更加及时,科研质量和效率都得到了提升。然而这种基于网络技术的科研合作就是在虚拟学术社区中的科研合作。虚拟学术社区即时性的学术交流不仅为学者自身了解学科发展、学科热点提供了更为快捷的获取方式,而且极大地加强了不同学科之间的交流,虚拟学术社区逐渐成为跨学科、跨领域合作的主流平台。现如今科学网、经管之家、丁香园、ResearchGate、Mendeley等虚拟学术社区逐渐成熟和完善,吸引了众多的科研工作者参与其中,它们成为科研人员学术交流的重要场所。在虚拟学术社区平台中,不同学科、不同机构、不同地域之间的科研合作已然成为现实,科研工作者在这里不仅可以与志同道合的科研伙伴进行交流,更能与学科领军人等学术前辈进行交流学习,提升科研能力、创造科研成果。虚拟学术社区中科研人员合作,在形式上不仅表现为以产生科研成果为目的的显性合作,更多地表现为以问题求助、问题研讨等知识交流与共享为目的的隐性合作。将针对虚拟学术社区中科研人员合作的影响因素进行研究,以期为虚拟学术社区的建设和科研合作的促进提出针对性建议,使虚拟学术社区更好地为科研工作者服务。

虚拟学术社区中科研人员合作不仅受到众多因素的影响,而且不同类型的合作,其合作效果也不尽相同。袁勤俭等[44]研究发现虚拟学术社区平台对参与者的科研工作和人际交往能力具有积极影响。国内对虚拟学术社区中科研人员合作的研究主要围绕合作形成、合作博弈、合作影响因素展开。王仙雅[138,155]分别从扎根理论和互惠视角分析了科研合作的形成机理,研究发现虚拟学术社区科研合作的内在机理主要包括外部驱动、社区互动、内部驱动三类因素发挥作用;而从互惠角度来看,不同的科研合作类型合作形成的互惠心理也不相同,需要有针对性地提供激励措施以达到科研合作的形成。由此可知,科研合作的形成是各种因素作用的综合结果,合作主体的合作过程也是博弈过程。谭春辉等[156-157]将博弈理论引入虚拟学术社区科研合作行为的研究中,构建不同科研人员角色的博弈收益矩阵,从而得到科研合作演化过程;此外,他们还从激励视角出发,进一步揭示了合作的演化博弈关系和过程。然而关于虚拟学术社区中科研人员合作影响因素则主要依赖于相关理论进行,谭春辉等[45]从质性分析和实证的角度研究发现自我效能、群体认同、社群影响、互惠等都显著合作意愿,而合作意愿又与合作行为正相关;秦宜等[158]使用主成分分析对合作行为影响因素进行了分析,社区信任、个体因素以及群体交互都对虚拟学术社区中科研人员合作有所影响。

从以上研究现状可以看出，目前关于虚拟学术社区中科研人员合作影响因素的研究中，主要采取结构方程分析方法或者质性分析方法开展，并且主要得到单个因素对科研人员合作影响的显著与否，然而导致科研人员合作行为的因素并不是完全独立的，科研人员合作行为的产生很多时候是多种因素共同作用的结果。定性比较分析方法为识别结果发生的条件组合的原因提供了逻辑分析基础，为同一个结果的多重复杂路径组合提供了解释框架。本章希望从这一角度出发，使用模糊集定性比较分析方法来研究虚拟学术社区中科研人员合作的影响因素，构建条件组态，揭示虚拟学术社区中科研人员合作的前因构成。

7.2 影响因素组态分析模型

7.2.1 理论背景

1. 整合型技术接受与使用模型

技术接受模型是由 Davis 于 1989 年运用理性行为理论在研究用户对信息系统接受时所提出的。此模型主要提出感知有用性和感知易用性对用户的系统使用有决定影响，这两个因素在一定程度上能够对用户的行为态度和意向产生影响，从而影响用户的使用行为。然而，技术接受模型仅用感知有用性和感知易用性来解释用户对于系统的接受行为存在解释力度不足的问题，因此，Venkatesh 等[159]对技术接受模型进行了改进，整合了技术任务适配模型、创新扩散论、规划行为理论、动机模型、社会认知理论等 8 个理论，提出了整合型技术接受与使用（unified theory of acceptance and use of technology，UTAUT）模型，总结出绩效期望（performance expectancy，PE）、努力期望（effort expectancy，EE）、社会影响（social influence，SI）和便利条件（facilitating conditions，FC）4 个核心维度。研究发现，UTAUT 模型对于用户接受行为的解释力度达到 70%，能够很好地测量用户的技术接受行为[160]，并且其提出的 4 个核心维度与虚拟学术社区本身、合作环境及用户行为具有良好的契合度，可以很好地测量用户行为，因此采用此模型对用户在虚拟学术社区中的科研合作影响因素进行研究。

2. 社会认知理论

社会认知理论（social cognitive theory，SCT）是 1986 年由心理学家阿尔伯特·班杜拉（Albert Bandura）提出的。在传统的行为理论中，存在两种决定论，分别为个人决定论和环境决定论，而 Bandura 在此基础上，引入了认知成分，形成了三元交互决定论，认为环境、人和行为三者之间是相互独立又相互作用的，并且它们之间是互为因果、双向互动和决定的。

Bandura 认为，环境、人和行为三者之间是动态的相互作用关系，个人会通过性格、社会角色等主体特征影响环境，同时外部环境也会影响个人行为[161]，即行为会受到社会其他成员所采取行动的影响，从而改变自己的行为[162]。社会认知理论在个人行为的研究中被广泛使用，是一种测量个人行为非常有效的研究理论。周涛等[163]基于社会认知理论解释了知识型社区的用户持续行为，其中将认知因素解释为个体对自身和社会关系等方面的认知，而对环境因素则从系统质量、知识质量和线上互动的角度进行了阐述。在虚拟学术社区中，环境因素主要是指用户对环境的感知，包括社区的便利程度、氛围、公平等因素。Cao[164]在社会认知理论的基础上研究发现社区环境对用户在虚拟社区的持续参与具有积极影响。因此，虚拟学术社区用户行为研究需要综合环境、人和行为之间的相互影响作为考量因素。

3. 社会交换理论

社会交换理论（social exchange theory，SET）最早由美国学者乔治·霍曼斯（George Homans）提出。Homans 融合了经济学、行为主义心理学的相关理论，他认为利己主义和趋利避害是人类行为的基本原则，并提出了人类社会行为的一般命题系统，包括成功命题、刺激命题、价值命题、剥夺与满足命题、攻击与赞成命题以及理性命题。后来布劳（Blau）在 Homans 的基础上，运用"集体主义方法论"和整体结构论，解释了社会交换。Blau 认为交换行为是一种特定类型的社会活动，而不是所有的社会活动都是交换行为，参与交换行为的各方都希望得到他人的回报，一旦他人停止回报，那么交换行为就会终止，并且社会交换行为是建立在相互信任的基础上的，是以自愿为前提的。影响社会交换的基本规范就是互惠和公平，"互惠"是社会交换理论的核心概念。社会交换是一种具有互惠性质的自愿性回报行为，包括内在回报（如尊敬、赞同等）和外在回报（如报酬等）。在虚拟学术社区中普遍存在搭便车现象，Tsai 等[165]研究发现在线学术社区中寻求知识的人在形成交换意愿时会考虑感知到的社会效益和社区支持，交换意愿是由感知到的社会利益驱动的。最小化这种搭便车现象的一种可能策略就是鼓励互惠，因此在虚拟学术社区科研合作行为的研究中需要将互惠作为影响因素之一进行研究。

7.2.2　影响因素选取

在 UTAUT 模型的基础上，将社会认知理论与社会交换理论结合，对影响因素进行综合归纳，并根据社会认知理论将影响因素划分为个人因素、群体因素和环境因素。为了避免单个维度因素过少造成研究结果的偏差，结合虚拟学术社区环境和研究需求，引入感知愉悦性、激励机制作为个人因素、环境因素的补充，构成绩效期望、感知愉悦性、互惠、社会影响、努力期望、激励机制、便利条件 7 个影响因素作为影响科研人员合作这一内生变量的外生变量。其中：个人因素包括绩效期望和感知愉悦性；群体因素包括互惠和社会影响；环境因素包括努力期望、激励机制和便利条件。

1. 个人因素

1）绩效期望

绩效期望是指个人使用系统技术时感知到的对工作有所帮助的程度。在虚拟学术社区科研人员合作中，绩效期望指的是科研人员在虚拟学术社区进行科研合作行为时所感受到的合作行为带给自己的好处。王战平等[166]研究发现，绩效期望对不同等级的虚拟学术社区用户在科研合作建立阶段都具有一定影响。在虚拟学术社区中，当科研人员感知科研合作带给自身的绩效期望较高时，他们将会更加愿意选择建立合作关系和进行合作行为，相反，如果科研人员感知科研合作行为带来的绩效期望较低时，科研人员的合作将会受到负面影响，从而阻碍科研人员之间的合作行为。

2）感知愉悦性

感知愉悦性是指用户在使用某项技术时带来的愉悦感。在虚拟学术社区科研人员合作中，感知愉悦性指的是科研人员在进行科研合作时获得的愉悦感和乐趣。杨燕[167]在研究中发现乐于助人对用户的知识贡献有正向影响，知识贡献者通过乐于助人行为获得的愉悦感是满足感。谭春辉等[168]认为在虚拟学术社区中用户感知到的愉悦性越高，用户参与的积极性越高，用户对虚拟学术社区的使用意愿更加强烈。Liu等[169]研究发现愉悦感对用户的知识贡献行为有显著的积极影响。宋丰凯[170]也证实，感知愉悦性能提升用户对虚拟学术社区的满意度。由此可知，感知愉悦性能够提升用户对虚拟学术社区的满意度，进而增加在虚拟学术社区中知识贡献的可能性，产生科研合作行为的可能性。

2. 群体因素

1）互惠

虚拟学术社区强调信息交换和共享，人们大多认为可以通过信息交换和共享行为获得一定收益，在虚拟学术社区科研人员合作中，互惠（reciprocity，RE）是人们在进行知识贡献行为后对未来知识需求的收益预期[171]。研究发现，主动帮助别人的用户，在需要帮助时也能很快得到他人的帮助，如陈明红等[172]认为如果虚拟学术社区中用户的互惠原则越强，那么用户将更加愿意进行知识交流和知识贡献。相反，如果用户在进行知识贡献行为后无法获得等值收益时，那么用户将会减少使用虚拟学术社区和知识贡献行为，Chen[173]也证实了这一点。因此，互惠因素能够影响用户在虚拟学术社区中科研合作行为。

2）社会影响

社会影响是指其他人的行为或态度对自身行为和态度的影响程度，在社会生活中，人们之间总是相互作用和影响的，因此个体的行为往往受到周围群体的影响。在虚拟学术社区科研人员合作中,社会影响指的是科研人员在参与合作行为时受到周围群体(如老师、同学、朋友等)的影响,从而产生对参与科研合作活动不同的意愿和行为。贾明霞等[73]认为当周围有人使用或推荐虚拟学术社区时,能够影响个体的行为,从而知识交流行为的概率将会得到提升。Meng等[174]认为在虚拟学术社区中,用户会受到群体因素的影响,从而促进用户的知识交流和合作行为。可以看出,周围群体在虚拟学术社区中进行科研合作的意愿和行为将会对个体的选择产生影响,进而影响个体在虚拟学术社区中科研合作的行为。

3. 环境因素

1)努力期望

努力期望是从技术接受模型中的感知易用性衍生而来的,指用户在使用一项新的技术时需要付出的努力程度。在虚拟学术社区科研人员合作中,努力期望主要是指科研人员寻求合作时所需要的努力程度。陈明红[175]认为虚拟学术社区区别于一般虚拟社区,系统的易用性对知识共享意愿的影响更大,因此系统的易用性能够增强用户吸引力并促进知识共享。Hung等[176]也研究发现,感知易用性能正向促进虚拟学术社区中用户的知识共享行为。由此可知,虚拟学术社区中的操作越简单、使用越容易,用户在使用虚拟学术社区中的付出越少,那么用户也更愿意参与科研合作;相反系统的使用难度越高,用户的使用和科研合作将会减少,因此努力期望能够影响用户在虚拟学术社区中的科研合作行为。

2)激励机制

激励机制(incentive mechanism,IM)对用户的知识共享意愿和行为具有促进作用。在虚拟学术社区科研人员合作中,激励机制是虚拟学术社区为促进用户使用本社区并参与知识交流、贡献等合作行为而设置的,例如积分、用户等级、虚拟币、荣誉勋章等奖励。龚立群等[177]认为激励机制能够有效地激发用户知识贡献的动机和意愿,从而促进虚拟学术社区中科研合作行为的产生。张乐[178]认为激励机制能够促进用户参与知识交流,对知识贡献具有积极作用。

3)便利条件

虚拟学术社区提供了跨时空、跨地域的合作方式,为科研人员的科研合作提供了便利。将虚拟学术社区中科研人员合作的便利条件定义为,用户进行科研合作时感受到的技术支持和便利程度[179]。Chia等[180]通过定性案例研究,对新加坡和美国学生使用虚拟学术社区情况进行了探究,研究发现,虚拟学术社区对他们的合作具有重要作用,并且学术交流对他们的认知、智力及人际关系都具有积极影响。虚拟学术社区能够提供便利的合作条件,而合作环境能够有效地促进用户进行合作。因此当用户在虚拟学术社区中进行科研合作时感受到的便利程度越高,用户对虚拟学术社区的使用意愿就会越高。尤其与传统的合作方式对比,虚拟学术社区的优越性显著,因此当用户认为使用虚拟学术社区进行科研合作比传统学术合作便捷时,会更加偏向于使用虚拟学术社区,从而促使科研合作行为的产生。

7.2.3 影响因素组态分析模型构建

本节基于整合型技术接受模型,并整合社会认知理论与社会交换理论的理念,构成最终的研究变量,其中绩效期望、感知愉悦性、互惠、社会影响、努力期望、激励机制、便利条件作为条件变量,科研合作行为作为结果变量,建立影响因素与合作行为之间的组态分析模型,如图7.1所示。

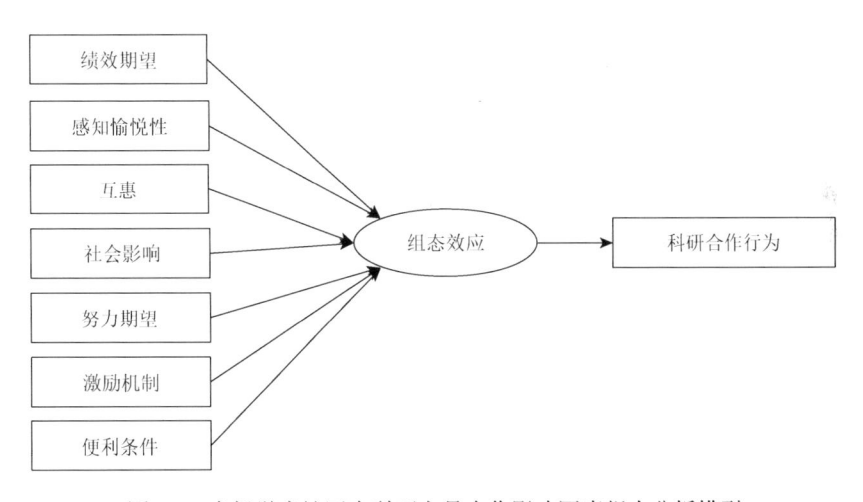

图 7.1 虚拟学术社区中科研人员合作影响因素组态分析模型

7.3 研究方法与数据

7.3.1 研究方法

QCA 方法是由社会学家 Ragin 提出的,在传统的统计方法中,基本假设认为自变量是相互独立的,它们具有线性关系和因果对称性[91],然而事实上,自变量之间的关系并不是完全独立的,对结果的产生往往是多种因素共同作用的结果。因此,传统统计方法对这种情况的解释力度存在一定缺陷。Ragin 提出的定性比较分析能够关注变量影响的复杂性和多样性[181],它以结果驱动,能够探究、揭示潜在的因果关系,并且这种潜在的因果关系往往并不是单因素对结果造成的影响,而是多因素共同作用对结果造成的影响,也就是说 QCA 方法能够识别出导致结果的不同路径,从而来解释复杂得多的并发因果关系。

QCA 方法主要分为 csQCA 方法、mvQCA 方法和 fsQCA 方法。mvQCA 方法与 csQCA 方法的区别就在于能够允许多值变量,而 fsQCA 方法同时具有定性和定量的属性,定性状态 1 表示完全隶属、0 表示完全不隶属，fsQCA 方法可以通过数据校准将变量转化为 0 和 1 之间的任何数值来表示隶属程度，数值越接近 1，隶属程度越高。fsQCA 方法的分析步骤：首先进行数据校准，将变量转化为模糊隶属度，数据校准后需要对必要条件进行检测；其次在模糊隶属度的基础上生成真值表，并通过设定一致性和案例阈值简化真值表；最后进行标准化分析，得到条件组态。

7.3.2 问卷与量表设计

本小节的问卷调查是通过文献调研，然后在前人成熟的量表基础上形成的。在此基础上能对问卷进行预调研，然后对问卷进行二次修改，最后形成正式问卷。本问卷主要分为两个部分：第一部分主要为基本信息的调查；第二部分则是虚拟学术社区中科研人员合作的影响因素调查，采用李克特 5 级量表进行测量。本小节共 8 个变量，包含绩效期望、感知愉悦性、互惠等 7 个条件变量和科研合作行为 1 个结果变量，测量量表如表 7.1 所示。

表 7.1 测量量表

变量	题项	来源
绩效期望	PE1 我认为通过虚拟学术社区科研合作可以提高科研效率 PE2 我认为通过虚拟学术社区科研合作可以提高科研产出 PE3 我认为通过虚拟学术社区科研合作可以提高科研能力	曹树金等[182]
感知愉悦性	PP1 在虚拟学术社区科研合作过程中使我感到愉悦 PP2 在虚拟学术社区科研合作过程中使我感到满足 PP3 我喜欢在虚拟学术社区科研合作的过程	秦宜等[158]
互惠	RE1 我相信当在进行知识贡献与合作时，别人也会这么做 RE2 我认为在虚拟学术社区中与别人交流能够对自身产生帮助 RE3 我希望在虚拟学术社区科研合作中能给其他用户提供帮助 RE4 当我在虚拟学术社区科研合作中遇到问题，别人也会帮助我	Hau 等[183]
社会影响	SI1 如果周围有老师、同学等在虚拟学术社区中进行科研合作，那么我也愿意参加 SI2 如果周围有老师、同学等建议参加虚拟学术社区科研合作，那么我会尝试参加 SI3 如果虚拟学术社区中有我认同的学者进行科研合作，那么我也愿意参加 SI4 如果对我的行为有影响的人在虚拟学术社区中进行科研合作，那么我也愿意参加	孙富杰[132]
努力期望	EE1 我认为虚拟学术社区中的操作界面是简单的 EE2 我认为虚拟学术社区的使用是容易学会的 EE3 我认为熟练使用虚拟学术社区进行发帖、回复等合作行为是容易的	贾明霞等[73]
激励机制	IM1 我希望通过科研合作能提高自身在虚拟学术社区的等级 IM2 我希望通过科研合作能获得虚拟币和积分 IM3 我希望通过科研合作能提升自身在虚拟学术社区的活跃度 IM4 我希望通过科研合作能获得虚拟学术社区更多的用户权限	徐美凤等[184]
便利条件	FC1 我拥有在虚拟学术社区进行科研合作所需要的移动终端等设备 FC2 我认为在虚拟学术社区中进行科研合作更加便捷 FC3 我认为在虚拟学术社区中可以和不同地域的学者进行交流 FC4 我认为在虚拟学术社区中与他人交流是方便的	张红兵等[185]
合作行为 （cooperative behavior，CB）	CB1 我会在虚拟学术社区中与其他用户进行讨论交流 CB2 我会在虚拟学术社区中分享经验和知识 CB3 我会在虚拟学术社区中向其他用户提问寻求解答 CB4 我会在虚拟学术社区中回复别人的帖子和问题 CB5 我会在虚拟学术社区中与其他用户进行知识交互与合作	张琦涓[186]

7.3.3 数据获取

本次问卷调查采用网络问卷的形式进行问卷发放,主要对科学网、小木虫、丁香园等虚拟学术社区中的用户进行私信发放,并对周围使用虚拟学术社区平台的用户采用微信、QQ 等方式发放问卷链接和二维码进行问卷收集。本次问卷调查共发放问卷 315 份,收集完成后对问卷进行筛选,对问卷填写时间小于 1 分钟、问卷题项的答案全部一致的问卷进行剔除,最后得到有效问卷 270 份,问卷的有效率为 85.71%。

7.3.4 信效度分析

使用统计分析软件 SPSS 22.0 对样本数据进行内部信度检验,首先对问卷整体进行信度分析,然后再对不同变量和题项进行信度分析,并通过组合信度(composite reliability,CR)衡量问卷测量项的信度,一般认为组合信度越高,测量项之间的内部一致性越好,问卷信度越好,CR 系数在 0.8 以上表示信度良好,由此可知,本研究的信度良好。

进一步对效度进行检验,首先对调查问卷进行 KMO 检验和 Bartlett 球形检验得到 KMO 值为 0.923,大于 0.8,可进行因子分析。对数据进一步进行因子分析,通过主成分分析方法共提取了 8 个因子,总解释力度达到 76.16%,大于 50%,并使用 AMOS 22.0 软件进行验证性因子分析,得到区分效度。从区分效度的分析结果可以看出,平均提取方差值(average variance extracted,AVE)的平方根的值均大于两个因素之间的相关系数,说明具有良好的区分效度(表 7.2)。因此本小节的题项设置合理,且量表设置具有良好的效度。综上所述,本问卷的信效度良好。

表 7.2 信效度分析

维度	克龙巴赫 α 系数	CR	AVE	绩效期望	感知愉悦性	互惠	社会影响	努力期望	激励机制	便利条件	合作行为
绩效期望	0.824	0.824 6	0.610 7	0.781							
感知愉悦性	0.878	0.879 4	0.708 8	0.465	0.842						
互惠	0.912	0.912 1	0.721 7	0.318	0.655	0.850					
社会影响	0.869	0.871 0	0.628 5	0.364	0.563	0.461	0.793				
努力期望	0.853	0.853 4	0.659 9	0.327	0.476	0.415	0.576	0.812			
激励机制	0.860	0.860 3	0.606 3	0.464	0.616	0.576	0.554	0.512	0.778		
便利条件	0.888	0.888 3	0.665 7	0.077	0.037	0.010	0.095	0.196	0.115	0.816	
合作行为	0.920	0.920 2	0.697 5	0.443	0.688	0.604	0.699	0.602	0.610	0.118	0.835

7.4 基于 fsQCA 的实证研究

7.4.1 数据校准

组态分析首先需要对数据进行校准处理，问卷调查采用李克特 5 级量表，因此需要转换成 0~1 范围的隶属刻度。根据定性比较分析的要求，在数据校准之前需要对问卷调查的数据初步处理，针对问卷调查的不同维度和题项，对同一维度的不同题项的值进行均值处理，作为这一维度的反映值，按照此原则，获得不同变量的均值作为定性比较的初始数据。将初始数据导入 fsQCA 软件中进行数据校准，校准的核心是找出定性比较的三个锚点，使用各个变量的最大值、均值、最小值作为锚点，对应完全隶属、交叉点和完全不隶属（表 7.3），并使用 calibrate（x，$n1$，$n2$，$n3$）在 fsQCA 软件中数据校准后得到模糊隶属度（表 7.4）。

表 7.3 数据校准锚点

变量	编码	完全隶属	交叉点	完全不隶属
绩效期望	PE	5.00	3.79	1.00
感知愉悦性	PP	4.67	3.24	1.00
互惠	RE	4.75	3.12	1.25
社会影响	SI	5.00	3.07	1.00
努力期望	EE	4.67	3.30	1.00
激励机制	IM	4.75	2.99	1.25
便利条件	FC	4.75	2.96	1.25
合作行为	CB	4.60	2.69	1.20

表 7.4 模糊隶属度（部分）

编号	PE	PP	RE	SI	EE	IM	FC	CB
1	0.79	0.71	0.89	0.17	0.11	0.70	0.93	0.53
2	0.79	0.95	0.89	0.81	0.91	0.90	0.16	0.83
3	0.63	0.95	0.95	0.90	0.91	0.90	0.31	0.83
4	0.95	0.95	0.89	0.93	0.91	0.85	0.16	0.79
5	0.79	0.11	0.07	0.07	0.07	0.07	0.11	0.06
6	0.09	0.11	0.07	0.07	0.11	0.05	0.11	0.06
7	0.90	0.91	0.89	0.93	0.95	0.70	0.16	0.77
8	0.90	0.95	0.89	0.86	0.82	0.93	0.07	0.72
9	0.90	0.91	0.10	0.90	0.22	0.11	0.41	0.45
10	0.79	0.07	0.10	0.66	0.07	0.93	0.62	0.59

7.4.2 必要条件检测

在组态分析之前，需要对条件变量进行必要条件检测，一般认为当条件变量的一致性达到0.9时，该变量为结果变量的必要条件。本小节对7个条件变量进行必要条件检测，其结果如表 7.5 所示，从检测结果可以看出，7 个条件变量的一致性均小于 0.9，说明 7 个条件变量均不是必要条件。

表 7.5 必要条件检测结果

前因条件	一致性	覆盖率
PE	0.855 607	0.706 071
PP	0.811 157	0.733 389
RE	0.760 897	0.741 908
SI	0.842 773	0.846 718
EE	0.883 138	0.783 089
IM	0.833 669	0.857 269
FC	0.686 909	0.736 887

7.4.3 真值表构建

根据 QCA 原理，K 个前因条件的模糊集可以构成 2^K 个条件组态，每个条件组态对应真值表的一行，但是实际上可能存在 X 条组态上并没有对应的样本，因此需要对全部的条件组态形成的真值表进行简化，真值表的简化主要采用设定频数阈值来实现，当样本数较大时，应该选择更大的临界值，并且需要符合样本在组态上的分布等问题，根据经验，设定频数后至少需要保留75%的样本[91]，基于此原则，本小节设定频数为2，一致性阈值为0.8，并将PRI 一致性阈值设为 0.75，将一致性等于或超过临界值的条件组态指定为结果的模糊子集，并在结果列赋值为1，低于临界值的条件组态，赋值为0。结果如表 7.6 所示。

表 7.6 真值表（部分）

| 前因条件 ||||||| 样本数 | 结果 | 原始 | PRI | SYM |
PE	PP	RE	SI	EE	IM	FC		CB	一致性	一致性	一致性
1	1	1	1	1	1	1	41	1	0.999 236	0.998 591	0.998 592
0	1	1	1	1	1	1	4	1	0.998 568	0.992 908	0.992 908
0	1	1	1	1	1	0	3	1	0.998 470	0.987 302	0.987 301
1	1	0	1	1	1	1	2	1	0.997 579	0.977 777	0.977 777
1	0	0	1	1	1	1	4	1	0.997 301	0.977 011	0.977 011
1	1	1	1	1	0	1	39	1	0.988 477	0.975 287	0.998 193
1	1	1	1	0	1	1	2	1	0.992 441	0.923 372	0.952 569

续表

| 前因条件 ||||||| 样本数 | 结果 | 原始 | PRI | SYM |
PE	PP	RE	SI	EE	IM	FC		CB	一致性	一致性	一致性
1	0	1	0	1	1	1	2	1	0.994 001	0.916 666	0.928 570
0	1	0	0	1	1	1	2	1	0.993 223	0.892 617	0.930 069
1	1	0	1	1	1	0	2	1	0.989 856	0.824 817	0.949 580
1	0	0	0	1	1	1	2	1	0.989 430	0.817 461	0.944 953
1	1	0	0	1	1	1	3	1	0.987 820	0.803 922	0.953 489
1	1	0	1	1	0	1	2	1	0.986 558	0.751 881	0.877 193
1	0	0	1	0	1	1	2	0	0.978 448	0.693 877	0.864 409
0	1	1	0	1	1	0	2	0	0.988 100	0.649 995	0.742 853

7.4.4 条件组态结果

对简化后的真值表进行标准分析，得到简约解、中间解和复杂解，一般使用中间解来解释条件组态，通过简约解识别核心条件和边缘条件，中间解和简约解对应项中出现的条件均为核心条件，并将核心条件构成一致的分为一类，由于必要条件检测结果显示一致性均在 0.9 以下，不存在必要条件，所以复杂解和中间解相同。虚拟学术社区科研合作组态分析的简约解输出结果如表 7.7 所示，虚拟学术社区科研合作组态分析的中间解和复杂解结果输出如表 7.8 所示。

表 7.7　虚拟学术社区科研合作组态分析（简约解）

条件组态	覆盖率	唯一覆盖率	一致性
绩效期望*努力期望*激励机制	0.674 434	0.031 258 9	0.965 712
社会影响*努力期望*激励机制	0.671 064	0.028 104 5	0.980 515
感知愉悦性*努力期望*便利条件	0.506 310	0.058 359 8	0.939 345
解的覆盖率		0.784 199	
解的一致性		0.929 233	

表 7.8　虚拟学术社区科研合作组态分析（中间解、复杂解）

| 前因条件 | 科研合作组态 |||||| |
| | 模式 A ||| 模式 B || 模式 C |
	P1	P2	P3	P4	P5	P6
绩效期望	●	●	●		●	
感知愉悦性		·	⊗	●	●	·
互惠	⊗			⊗		·
社会影响		·	⊗	⊗	●	●
努力期望	●	●	●	●	●	
激励机制	●	●	●	·		●

续表

前因条件	科研合作组态						
	模式 A			模式 B		模式 C
	P1	P2	P3	P4	P5	P6
便利条件	•		•	●	●	
一致性	0.978 288	0.989 124	0.987 097	0.982 496	0.992 894	0.987 128
覆盖率	0.222 899	0.580 298	0.175 509	0.185 116	0.430 743	0.582 808
唯一覆盖率	0.014 339	0.005 664	0.011 041	0.008 890	0.029 610	0.032 334
解的一致性	0.974 788					
解的覆盖率	0.709 636					

7.5 本章小结

7.5.1 研究结论

以虚拟学术社区中科研人员合作影响因素为研究对象，使用模糊集定性比较分析方法研究了不同条件变量对结果变量的组态效应和前因构成。从研究结果可以看出，导致虚拟学术社区科研合作的条件组态总共有三种模式，包含 6 种构型，每一种构型的一致性均在 0.9 以上，并且总体的覆盖率即解释结果的程度达到 0.709 636，共有条件组态的案例属于相同结果的一致性程度达到 0.974 788，说明具有很好的解释力度。

模式 A：包含三种构型（P1、P2、P3），核心条件是绩效期望、努力期望和激励机制。构型 P1 的辅助条件为低互惠和高便利条件，前因构型为"绩效期望*互惠*努力期望*激励机制*便利条件"；构型 P2 的辅助条件为高感知愉悦性和高社会影响，前因构型为"绩效期望*感知愉悦性*社会影响*努力期望*激励机制"；构型 P3 的辅助条件是低感知愉悦性、低社会影响和高便利条件，前因构成为"绩效期望*感知愉悦性*社会影响*努力期望*激励机制*便利条件"。从研究结果可知，用户在高绩效期望、高努力期望和高激励机制的作用下，由于虚拟学术社区带给用户的便利性以及合作环境的影响，即使互相帮助缺乏、乐趣较低、没有周围的群体的推荐和影响时，仍然会参与合作（P1、P3）；或由于周围老师、朋友及认同的人的使用行为和能够享受参与科研合作带来的愉悦感和满足感（P2）的情况下，促使用户参与合作。

模式 B：包含两种构型（P4、P5），核心条件是感知愉悦性、努力期望、便利条件。构型 P4 的辅助条件是低互惠、低社会影响和高激励机制，前因构型为"感知愉悦性*互惠*社会影响*努力期望*激励机制*便利条件"；构型 P5 的辅助条件是高绩效期望和高社会影响，前因构型为"绩效期望*感知愉悦性*社会影响*努力期望*便利条件"。从研究结果可知，用户在高感知愉悦性、高努力期望和高便利条件的作用下，即使互惠和社会影响不足，在激励机制的影响下也会进行科研合作（P4），或因为周围用户的影响，以及出于虚拟学术社区平台有助于自己提升科研效率、能力和产出的诱惑而愿意进行科研合作（P5）。

模式 C：包含一种构型（P6），核心条件是社会影响、努力期望、激励机制。构型 P6 的辅助条件是高感知愉悦性和高互惠，前因构型为"感知愉悦性*互惠*社会影响*努力期望*激励机制"。从研究结果可知，用户在高社会影响、高努力期望和高激励机制的作用下，由于用户能够在虚拟学术社区科研合作过程中感受愉悦和乐趣，并且能够通过自身的科研合作行为使自身遇到问题时总能更加容易获取其他用户的助力，进而选择参与科研合作行为（P6）。

7.5.2 研究启示

基于虚拟学术社区中科研人员合作影响因素的研究结果，为改善虚拟学术社区科研合作状况，促进虚拟学术社区发展，从实践的角度提出以下建议。

从研究结果可知绩效期望、感知愉悦性、互惠、社会影响、努力期望、激励机制和便利条件或作为核心条件或作为辅助条件，均对虚拟学术社区科研合作产生影响。因此，对于科研人员来讲，他们应该通过不断地学习和交流提升自己的学术能力，进而可以更好地进行学术交流并输出成果。另外，科研人员在提升学术能力的同时，更应该建立自信，从而能够更好地享受合作的过程，以达到更好的合作绩效。而虚拟学术社区平台则应该做好科研合作的保障和维护工作。第一，完善虚拟学术社区功能，提升沟通效率。例如虚拟学术社区应该定期举办主题交流活动，发布热点内容，提供可靠、有效的学术动态和信息，并根据用户日常关注的内容进行推荐服务。第二，改善系统易用性，提升用户体验。虚拟学术社区平台应该避免界面设计复杂、内容版块冗杂。此外，虚拟学术社区的版块应该依据科研用户背景及研究领域进行合理设置，并建立相关的知识资源数据库，对不同类型的知识进行分类处理，方便用户能够高效获取和利用资源，提升用户体验。第三，完善激励机制，激发用户积极性。虚拟学术社区需要建立完善的激励机制，其中激励方式可以是多样化的，并且可以将不同的激励方式进行结合使用。例如将精神奖励（如头衔奖励、内容宣传等）和物质奖励（如红包奖励、虚拟币等）进行综合使用。第四，提升系统技术水平，营造良好虚拟学术社区氛围。虚拟学术社区应该致力于为用户提供便捷的合作交流平台，提升平台软硬件实力，保障用户随时随地能够体会便捷的系统服务。此外，虚拟学术社区还应该明确社区的目标和愿景，营造良好的合作交流环境，增强用户对于虚拟学术社区平台的归属感，以及用户之间的信任感，进而提升科研合作交流的意愿，促进用户更加积极地参与科研合作。最后，为改善用户科研合作现状，虚拟学术社区应该根据平台现状和自身发展需求，有针对性地选择科研合作影响路径作为提升方向，综合自身优势、补充提高平台劣势以吸引用户和促进用户科研合作行为。

第8章 >>>

虚拟学术社区中科研人员合作行为的稳定性

8.1 科研合作的本质

在科学日益交叉、综合和复杂的大科学时代,科研合作已经成为知识创新的主要形式,是促进科学进步的关键因素[187]。根据科学计量学家 Katz 等[188]的观点,科研合作是指科研主体为创造新的知识这一共同愿望而相互配合、协同工作。论文合作(合著)是其重要表现形式,但有些科研合作产出不明确,资源共享、数据共享、平台共享、人员交流、学术会议、项目参与、学术研讨等同样属于科研合作的表现形式。随着互联网技术不断发展,为满足科研人员学术沟通与交流的方式,虚拟学术社区应运而生。虚拟学术社区的出现,是对传统科研合作模式的补充和发展,实现了知识在科研人员间的扩散、转移、吸收、进化,进而孵化出新的学术思想和知识,逐渐成为科研人员成果传播和知识交流的重要平台。许多学者在虚拟学术社区中通过搜寻、获取和贡献专业知识来满足科研需求,以实现产生新知识的共同目标,从而利用虚拟学术社区资源实现科研合作。与传统的以合作发表科研成果、形成研究的知识产权为主要表现形式的正式科研合作相比,虚拟科研合作是基于相应的网络平台、围绕一个共同的科研目标而成立的临时性科研团队,科研人员之间建立长期合作关系更多地表现为虚拟学术社区学术信息阅读、社群即时聊天、学术问答、话题讨论、RSS 推送和反馈等非正式合作方式。但也应看到,虚拟学术社区的虚拟环境增加了科研人员的不安全感,组织相对不确定[155]、成员随时会发生变动,使得科研合作存在不稳定性。学界于 19 世纪 80 年代开始关注稳定性问题,20 世纪 90 年代理论界才开始对网络组织的稳定性进行研究,例如:Hennart[189]最早运用交易费用理论研究组织网络的稳定性;Tsai 等[190]运用社会资本理论研究社会资本对组织网络稳定性的影响;Örtqvist[191]运用组织学习理论提出组织网络学习能力的差异影响参与组织网络主体的稳定性。近年来,学者们还从博弈论、系统协同论、网络理论等其他视角分析了网络组织形式的稳定性。虚拟学术社区科研合作作为合作网络组织的一种,其不稳定指的是在合作生命周期内,参与者的积极性和能动性下降,甚至因种种原因放弃合作。在虚拟学术社区科研合作过程中,因参与科研合作的主体在知识储备、研究能力、沟通技能、合作动机等因素的不同,会形成不同的虚拟学术社区科研合作模式,当科研管理制度、知识产权制度、外部压力等发生变化时,都会使虚拟学术社区科研合作承受显著影响,甚至使虚拟学术社区科研合作完全中断。因此,研究虚拟学术社区科研合作的稳定性对推动虚拟学术社区科研合作的顺利开展是十分必要的。

共生概念由德国生物学家 De Bary 提出,到 20 世纪中叶,共生理论开始运用于管理领域[192]。应用共生理论,可以对系统内不同主体之间的相互作用进行清晰梳理,可以对系统内主体与环境的动态联系进行合理分析[193]。基于共生理论来研究各类共生现象,最常用的就是逻辑斯谛模型,例如,马旭军等[194]利用逻辑斯谛模型对企业和员工的不同共生行为模式的稳定性进行研究。不过,经典的逻辑斯谛模型是对单一物种种群变化进行描述，随着不断研究，部分学者对逻辑斯谛模型进行了一定的改进：Blumberg[195]提出了基于逻辑斯谛模型的种群组织演化模型；Andersen[196]提出了逻辑斯谛模型的自适应差分算法；Thornley等[197]提出了解决逻辑斯谛模型的常数参数方法；徐学军等[198]将外部环境变化与产业影响考虑到最大产业容量中，构建了改进的共生发展模型；秦峰等[199]通过情报共生分析发现了共生模式改变引发的共生系统动态演化过程及所遵循的逻辑斯谛增长规律；李洪波等[200]引入共生理论和扩展逻辑斯谛模型，展示了不同共生系数下的创业生态系统演化模式。

科研合作在本质上是一种"共生"的联系[201]。基于共生理论改进逻辑斯谛模型，选取虚拟学术社区科研合作参与者作为研究对象，构建不同的虚拟科研合作共生模型，通过对求得模型的稳定性条件分析和仿真模拟研究，分析影响因素的作用机理，进而提出相关的策略建议，以期促进虚拟学术社区中科研合作的有序进行，推动知识创新活动的顺利开展。

8.2 虚拟学术社区科研合作共生要素分析

随着研究的深入，共生表示为共生单元按某共生模式在共生环境中形成的关系，这种"关系"是共生单元、共生模式和共生环境共同作用的结果[202]。

8.2.1 虚拟学术社区科研合作共生单元

共生单元是形成共生关系或共生体的基本能量单位，其性质和特征在不同的共生系统和不同层次的共生分析中是不同的，共生单元随着分析的主体变化而变化。

在虚拟学术社区科研合作中，共生单元是参与合作的科研人员。基于互惠互利的要求，参与合作的科研人员应全力投入合作，贡献自己的知识资源，做到利益共享、风险共担，共同实现科研合作的目标。当然也会出现投机等行为，这样会造成科研合作的不稳定。在虚拟学术社区中，科研人员是动态变化的，会随着共生模式和共生环境的改变发生动态变化。在科研合作过程中，科研人员性质的转变也是不稳定因素。因此，科研合作中科研人员带来的不稳定性不容忽视。

8.2.2 虚拟学术社区科研合作共生模式

共生模式是指共生单元相互结合和作用的方式[202]，它反映了共生单元间的信息交流及其强弱。按行为方式可将其分为寄生模式、偏利共生模式、非对称性互惠共生模式和对称性互惠共生模式4种模式。

1. 寄生模式

寄生是一种特殊状态，寄主的能量分配会改变，但不产生新能量，只存在寄主流向寄生者的单向能量流动。寄生关系并非总是有害的，只有寄生者一直作为消费者时，才是有害的，即对寄主有害。

在虚拟学术社区科研合作中，寄生模式一般是知识弱势方寄附于知识优势方。由于成员间的发展存在很大差异，寄主人员依靠自身的知识能力能够独立生存，但寄生人员离开寄主人员则不能生存。寄生人员主要靠获取知识而生存，如果寄主人员因知识收益下降不断降低生存能力，寄主人员将会衰亡，寄生人员也会衰亡。此外，虚拟学术社区科研合作内部知识资源单向流动，不产生新的知识成果，内部寄主人员把知识转移给寄生人员。

2. 偏利共生模式

偏利共生是在共生中产生的新能量，且一般只向某一共生单元转移，且共生关系存在双向信息和能量交流。偏利共生关系总的结果是一方获利，另一方不受影响或相对来说获利较少。

在虚拟学术社区科研合作中，偏利共生模式是有新的知识产出的，是得益于形成合作得到的。但是由于具有核心地位的科研人员向处于次要地位的科研人员提供了知识资源，导致处于核心地位的科研人员获得知识资源的概率几乎为零，产生的知识产出会大多归处于次要地位的科研人员所有。由此可见，虚拟学术社区中知识资源双向或多向流动，所产生的新的知识成果却单向流动，只流向知识弱势成员。对于具有知识优势的科研人员来说，科研合作并没有给他们带来预期的效益，他们会失去继续合作的动力，给合作带来很大的不稳定性。

3. 非对称性互惠共生模式

非对称性互惠共生模式是共生模式中最常见的一种，它以共生单元的分工为基础，共生产生的新能量往往非对称性分配，即不均匀分配。

在虚拟学术社区科研合作的非对称性互惠共生关系中，科研人员拥有的知识资源双向或多向流动，双方共享知识资源的同时也降低了知识共享成本，所有科研合作人员共同投入知识资源，由于双方存在差异，具有一定的知识互补效应，从而产生新的知识成果，但新产生的知识成果却不能够均匀分配。这会造成部分科研人员投入的多，得到的少，而有的科研人员投入的少，却得到很多。知识成果分配的不公平性将会使付出较多的科研人员合作意愿下降，合作积极性受到打击，从而带来科研合作潜在的不稳定性。

4. 对称性互惠共生模式

对称性互惠共生模式是共生的理想模式，也是最稳定的共生状态，它以共生单元协作为基础,新产生的能量往往对称性分配,即均匀分配。这一特点使共生单元拥有了同等的进化机会和成本,更能促进共生的稳定发展。

在虚拟学术社区科研合作的对称性互惠共生关系中,科研人员拥有的知识资源双向或多向流动,由于虚拟学术社区制度等的不断完善,新的知识成果和信息资源能够得到均匀分配,从而达到利益共享、风险共担、分配均衡的理想状态。因此,对称性互惠共生模式是虚拟学术社区科研合作中最有效的一种模式。在该模式下虚拟学术社区内参与科研合作的科研人员都积极共享知识资源,合作意愿强烈,科研合作不稳定性最低,是虚拟学术社区科研合作最理想的状态。

8.2.3 虚拟学术社区科研合作共生环境

共生单元间的相互作用存在于一定的环境下,即共生环境,可以将其理解为共生单元外所有因素的总和[203]。在虚拟学术社区中,科研合作共生环境是影响所在虚拟学术社区科研合作的环境。

共生环境同样会影响共生系统的稳定性,是共生的外部作用,其高度的变动性和复杂性导致共生环境的不确定性。在虚拟学术社区中,共生环境主要包括宏观环境(如政治、经济、社会、法律等)和微观环境(如知识竞争、知识市场等),正向的共生环境有利于虚拟学术社区科研合作的开展。虚拟学术社区环境的变化和科研人员对环境变化的感知、反应都会对参与合作成员间关系的稳定性带来影响。由此可见,虚拟学术社区构建良好的环境有助于促进科研合作的稳定进行。

8.3 虚拟学术社区科研合作共生模型构建及稳定性分析

8.3.1 逻辑斯谛模型的引入

逻辑斯谛模型是生态学中描述种群数量动态变化的模型,其数学表达式为

$$\frac{\mathrm{d}N(t)}{\mathrm{d}t} = rN\left(1 - \frac{N}{K}\right)$$

式中:N 表示种群量;t 表示时间;$N(t)$ 表示不同时刻种群量;r 表示种群增长速率;K 表示种群在自然条件下能达到的最大种群量。

随着研究的开展,一些学者开始使用逻辑斯谛模型研究竞争合作模型[203-204]。

虚拟学术社区科研人员的知识量的变化受自身限制,与该模型有着类似的变化趋势,研究多主体科研合作的演化过程,需要对逻辑斯谛模型进行改进,构建多主体之间的科研合作共生模型。

8.3.2 模型假设

在虚拟学术社区科研合作的过程中,随着虚拟学术社区平台软硬件设施的不断完善,科研人员的知识产出也不断变化,以期能够从科研合作对象获得相应的知识和相关研究技能,促进新知识的创造和扩散。只考虑科研人员所处环境的变化,对虚拟学术社区科研合作共生发展模型做如下假设。

假设 1:将虚拟学术社区科研人员抽象为参与主体 A 和参与主体 B,构建共生模型。

假设 2:在虚拟学术社区科研合作的自然状态下,每个个体的知识产出都存在一个最大值,为 $N_{im}(i=1,2)$,即参与主体 A 和参与主体 B 最大值知识产出分别为 N_{1m}、N_{2m}。

假设 3:$N_i(t)$ 表示个体知识产出,科研人员的产出为时间 t 的函数。

假设 4:在虚拟学术社区科研合作共生过程中,彼此的存在会对自身和对方的知识产量产生影响,并对整个虚拟学术社区的知识容量产生影响,即会改变每个参与主体产量的最大值。

假设 5:两个参与主体研究的自然规模饱和度对合作的知识产出增长具有阻滞作用,即在一定时期内,科研合作的资源是有限的,随着知识存量、技术等的消耗,在没有外界因素的影响下,虚拟学术社区为科研合作提供的资源符合边际效用递减规律。本章定义自然增长饱和度为 $\dfrac{N_i(t)}{N_{im}}$,$\left(1-\dfrac{N_i(t)}{N_{im}}\right)$ 是参与主体不能达到的知识产出比值。

假设 6:r_i 为参与主体自身的平均知识产出率,$r_i\left(1-\dfrac{N_i(t)}{N_{im}}\right)$ 表示知识产出随着 $N_i(t)$ 的增加而减少。

假设 7:K_i^0 表示排除共生作用的起始环境容量。

假设 8:K_{ij} 表示科研合作参与主体的共生作用系数,即 K_{21} 表示参与主体 B 知识水平的提高对参与主体 A 知识水平的提高所做的贡献,$K_{21}>0$;K_{12} 表示参与主体 A 知识水平的提高对参与主体 B 知识水平的提高所做的贡献,$K_{12}>0$。

假设 9:$f_{ij}(N_i)$ 表示由于共生作用带来的环境容量的增加函数,即虚拟学术社区科研合作成员间共生作用会使得整个知识容量提高,容量的增大也会影响参与主体知识产出的提高。

8.3.3 虚拟学术社区科研合作共生模型

1. 寄生模式下共生模型

虚拟学术社区科研合作在寄生模式下共生模型的条件方程为 $\Delta N_1(t)=\Delta N_2(t)$。由方程式可知，在寄生模式下，没有新的知识产出，知识只是由某一些参与主体转移给了另一些参与主体，寄主主体的知识成果被其他寄生主体所吸取，这种模式的存在，很容易导致科研合作内部冲突，投机行为也会出现。没有新知识产生，也会给寄主主体带来损失，从而降低他们科研合作的积极性，阻碍虚拟学术社区的健康发展。从某种意义上说，这种科研合作模式是失败的，不稳定性极高。

2. 偏利共生模式下共生模型

在偏利共生模式下的科研合作有新的知识产出，但这和参与主体自身的平均知识产出率 r_i 无关，是得益于科研合作。假设在形成科研合作的内部，具有核心地位的为参与主体 A，处于次要地位的为参与主体 B。在参与主体 B 未出现时，参与主体 A 的知识产出符合逻辑斯谛方程，而在参与主体 B 出现后，参与主体 A 向其提供所需要的知识资源从而实现科研合作，科研合作并不会对参与主体 A 的知识产出产生一定的影响，因此，参与主体 A 从科研合作中获得促进的机会几乎为 0。因而科研合作后参与主体 A 的效益仍然是 $\frac{dN_1(t)}{dt} = r_1 N_1 \left(1 - \frac{N_1}{N_{1m}}\right)$。

对于参与主体 B，其原来的知识产出满足逻辑斯谛模型，在与参与主体 A 形成科研合作后，参与主体 B 利用了参与主体 A 的知识资源，所以说参与主体 A 促进参与主体 B 的知识产出的提高，因而参与主体 B 的效益是 $\frac{dN_2(t)}{dt} = r_2 N_2 \left(1 - \frac{N_2}{N_{2m}} + \frac{K_{12} N_1}{N_{1m}}\right)$。

因此，偏利共生模式下的共生模型为

$$\begin{cases} \dfrac{dN_1(t)}{dt} = r_1 N_1 \left(1 - \dfrac{N_1}{N_{1m}}\right) \\ \dfrac{dN_2(t)}{dt} = r_2 N_2 \left(1 - \dfrac{N_2}{N_{2m}} + \dfrac{K_{12} N_1}{N_{1m}}\right) \end{cases} \quad (8.1)$$

虚拟学术社区科研合作共生环境的建立，其所处的环境范围会发生一定变化，认为共生对知识产出不仅反映在知识密度的约束中，也反映在环境容量的影响中，随着所处环境的变化，环境容量通常也要产生一定改变，环境的变化也同样影响合作双方知识产出和合作的稳定性。因此，环境容量的变化为 $N_{1m} = K_1^0$，$N_{2m} = K_2^0 + K_{12} f_{12}[N_2(t)]$，其中 $f_{12}[N_2(t)]$ 为增函数。

偏利共生模式下的模型修正为

$$\begin{cases} \dfrac{dN_1(t)}{dt} = r_1 N_1 \left(1 - \dfrac{N_1}{K_1^0}\right) \\ \dfrac{dN_2(t)}{dt} = r_2 N_2 \left(1 - \dfrac{N_2}{K_2^0 + K_{12} f_{12}[N_2(t)]} + \dfrac{K_{12} N_1}{K_1^0}\right) \end{cases} \quad (8.2)$$

可以看出，由于虚拟学术社区科研合作参与主体的知识产出和环境的不断变化，环境容量

N_{2m} 也是随着时间变化的复杂曲线,但是把所观察的时间等分为很多很小的时间段,则在任一时间段 $[t_T, t_{T+1}]$ $(T=0,1,2,\cdots)$,可将参与主体 B 的环境容量看作固定值:$N_{1m}^{T+1} = K_1^0$,$N_{2m}^{T+1} = K_2^0 + K_{12}\dfrac{f_{12}[N_2(t_T)] + f_{12}[N_2(t_{T+1})]}{2}$。

取 $\Delta t \in [0, t_{T+1} - t_T]$,$[t_T, t_{T+1}]$ 这一时段的增长符合逻辑斯谛方程,即

$$\begin{cases} \dfrac{\mathrm{d}N_1(t)}{\mathrm{d}\Delta t} = r_1 N_1 \left(1 - \dfrac{N_1}{N_{1m}^{T+1}}\right) \\ \dfrac{\mathrm{d}N_2(t)}{\mathrm{d}\Delta t} = r_2 N_2 \left(1 - \dfrac{N_2}{N_{2m}^{T+1}} + \dfrac{K_{12}N_1}{N_{1m}^{T+1}}\right) \end{cases} \quad (8.3)$$

则

$$\begin{cases} \dfrac{\mathrm{d}N_1(t)}{\mathrm{d}t} = r_1 N_1^2 \left(\dfrac{1}{2} - \dfrac{N_1}{3N_{1m}^{T+1}}\right) \\ \dfrac{\mathrm{d}N_2(t)}{\mathrm{d}t} = r_2 N_2^2 \left(\dfrac{1}{2} - \dfrac{N_2}{3N_{2m}^{T+1}} + \dfrac{K_{12}N_1}{2N_{1m}^{T+1}}\right) \end{cases} \quad (8.4)$$

1)共生模型平衡点的解

求解微分方程组(8.4),得到平衡点 $P_1(0,0)$,$P_2\left[\dfrac{3N_{1m}^{T+1}}{2}, \dfrac{(6+9K_{12})N_{2m}^{T+1}}{4}\right]$。

分析这两个平衡点的解:P_1 是指科研合作双方知识产量都为 0,科研合作共生不存在;P_2 是指参与主体 A 和参与主体 B 的知识产出水平分别为 $\dfrac{3N_{1m}^{T+1}}{2}$ 和 $\dfrac{(6+9K_{12})N_{2m}^{T+1}}{4}$。

2)平衡点的解的稳定性分析

运用微分知识对平衡点的解进行一阶泰勒展开,即

$$\begin{cases} \dfrac{\mathrm{d}N_1(t)}{\mathrm{d}t} = (N_1 - N_1^0)r_1\left(N_1 - \dfrac{N_1^2}{N_{1m}^{T+1}}\right) \\ \dfrac{\mathrm{d}N_2(t)}{\mathrm{d}t} = (N_1 - N_1^0)\dfrac{r_2 K_{12} N_2^2}{2N_{1m}^{T+1}} + (N_2 - N_2^0)r_2\left(N_2 - \dfrac{N_2^2}{N_{2m}^{T+1}} + \dfrac{K_{12}N_1 N_2}{N_{1m}^{T+1}}\right) \end{cases} \quad (8.5)$$

因此,相对应的系数矩阵,记为 A,即

$$A = \begin{bmatrix} r_1\left(N_1 - \dfrac{N_1^2}{N_{1m}^{T+1}}\right) & 0 \\ \dfrac{r_2 K_{12} N_2^2}{2N_{1m}^{T+1}} & r_2\left(N_2 - \dfrac{N_2^2}{N_{2m}^{T+1}} + \dfrac{K_{12}N_1 N_2}{N_{1m}^{T+1}}\right) \end{bmatrix} \quad (8.6)$$

系数矩阵 A 的行列式 $|A| \neq 0$,方程组的特征方程是 $\det(\lambda I - A) = 0$,其中 $p = -\left[r_1\left(N_1 - \dfrac{N_1^2}{N_{1m}^{T+1}}\right) + r_2\left(N_2 - \dfrac{N_2^2}{N_{2m}^{T+1}} + \dfrac{K_{12}N_1 N_2}{N_{1m}^{T+1}}\right)\right]$,$q = \det A = r_1\left(N_1 - \dfrac{N_1^2}{N_{1m}^{T+1}}\right)r_2\left(N_2 - \dfrac{N_2^2}{N_{2m}^{T+1}} + \dfrac{K_{12}N_1 N_2}{N_{1m}^{T+1}}\right)$。

方程组的平衡点的稳定性有以下结论:

（1）若 $p>0$ 且 $q>0$，则方程组的平衡点 P 稳定；

（2）若 $p<0$ 或 $q<0$，则方程组的平衡点 P 不稳定。

将平衡点 $P_2\left[\dfrac{3N_{1m}^{T+1}}{2}, \dfrac{(6+9K_{12})N_{2m}^{T+1}}{4}\right]$ 代入系数矩阵 A，根据稳定点的判定方法，解得 $p<0$，因此平衡点 P_2 不稳定。

3. 非对称性互惠共生模式下共生模型

在虚拟学术社区科研合作的非对称性互惠共生关系中，假设参与主体 A 是主导的核心成员，参与主体 B 是处于次要地位的成员。当参与主体 A 和参与主体 B 参与到科研合作中，对参与主体 A 和参与主体 B 的知识产出逻辑斯谛模型进行修改，由于双方具有差异性，会产生相应的知识互补效应，双方共享知识资源，同时也降低了知识共享成本，会给参与主体 A 带来正向影响，即参与主体 A 的知识产出模型修正为

$$\frac{dN_1(t)}{dt} = r_1 N_1 \left(1 - \frac{N_1}{N_{1m}} + \frac{K_{21}N_2}{N_{2m}}\right)$$

对参与主体 B 而言，其处于次要地位，其知识产出逻辑斯谛模型也会发生变化。由于参与主体 A 的出现，会大量出现像参与主体 B 这样的参与主体，依附于参与主体 A 的存在而存在，这样使得参与主体 B 的知识产出逐渐趋向于 0。因此，参与主体 B 的知识产出逻辑斯谛模型修正为 $\dfrac{dN_2(t)}{dt} = -r_2 N_2 \left(1 + \dfrac{N_2}{N_{2m}}\right)$，若此时参与主体 A 加入科研合作中，参与主体 B 可以获得共生能量，此时参与主体 B 的知识产出表述为

$$\frac{dN_2(t)}{dt} = r_2 N_2 \left(-1 - \frac{N_2}{N_{2m}} + \frac{K_{12}N_1}{N_{1m}}\right)$$

当参与主体 A 和参与主体 B 之间逐渐形成相互依存的共生关系时，双方的知识产出增长不仅受到自身资源的影响，也会受到共生关系中另一方的影响，由此，得到了虚拟学术社区科研合作在非对称性互惠共生模式下共生模型的微分方程组：

$$\begin{cases} \dfrac{dN_1(t)}{dt} = r_1 N_1 \left(1 - \dfrac{N_1}{N_{1m}} + \dfrac{K_{21}N_2}{N_{2m}}\right) \\ \dfrac{dN_2(t)}{dt} = r_2 N_2 \left(-1 - \dfrac{N_2}{N_{2m}} + \dfrac{K_{12}N_1}{N_{1m}}\right) \end{cases} \quad (8.7)$$

此时，虚拟学术社区科研合作成员间共生作用会使得整个环境容量提高，环境容量的增大也会影响到参与主体知识产出的提高，设科研合作成员的共生作用使各自环境容量分别增加了 $K_{21}f_{21}[N_1(t)]$、$K_{12}f_{12}[N_2(t)]$，则 $N_{1m} = K_1^0 + K_{21}f_{21}[N_1(t)]$，$N_{2m} = K_2^0 + K_{12}f_{12}[N_2(t)]$，其中 $f_{21}[N_1(t)]$ 和 $f_{12}[N_2(t)]$ 为增函数。

非对称性互惠共生模式下的共生模型修正为

$$\begin{cases} \dfrac{dN_1(t)}{dt} = r_1 N_1 \left\{ 1 - \dfrac{N_1}{K_1^0 + K_{21} f_{21}[N_1(t)]} + \dfrac{K_{21} N_2}{K_2^0 + K_{12} f_{12}[N_2(t)]} \right\} \\ \dfrac{dN_2(t)}{dt} = r_2 N_2 \left\{ -1 - \dfrac{N_2}{K_2^0 + K_{12} f_{12}[N_2(t)]} + \dfrac{K_{12} N_1}{K_1^0 + K_{21} f_{21}[N_1(t)]} \right\} \end{cases} \quad (8.8)$$

同样，参与主体 A 和参与主体 B 的环境容量可近似看作固定值：$N_{1m}^{T+1} = K_1^0 + K_{21} \dfrac{f_{21}[N_1(t_T)] + f_{21}[N_1(t_{T+1})]}{2}$，$N_{2m}^{T+1} = K_2^0 + K_{12} \dfrac{f_{12}[N_2(t_T)] + f_{12}[N_2(t_{T+1})]}{2}$。

同样取 $\Delta t \in (0, t_{T+1} - t_T)$，$(t_T, t_{T+1})$ 这一时段的增长符合逻辑斯谛方程，即

$$\begin{cases} \dfrac{dN_1(t)}{d\Delta t} = r_1 N_1 \left(1 - \dfrac{N_1}{N_{1m}^{T+1}} + \dfrac{K_{21} N_2}{N_{2m}^{T+1}} \right) \\ \dfrac{dN_2(t)}{d\Delta t} = r_2 N_2 \left(-1 - \dfrac{N_2}{N_{2m}^{T+1}} + \dfrac{K_{12} N_1}{N_{1m}^{T+1}} \right) \end{cases} \quad (8.9)$$

则

$$\begin{cases} \dfrac{dN_1(t)}{dt} = r_1 N_1^2 \left(\dfrac{1}{2} - \dfrac{N_1}{3N_{1m}^{T+1}} + \dfrac{K_{21} N_2}{2N_{2m}^{T+1}} \right) \\ \dfrac{dN_2(t)}{dt} = r_2 N_2^2 \left(-\dfrac{1}{2} - \dfrac{N_2}{3N_{2m}^{T+1}} + \dfrac{K_{12} N_1}{2N_{1m}^{T+1}} \right) \end{cases} \quad (8.10)$$

1）共生模型平衡点的解

求解微分方程组（8.10），得到平衡点 $P_1(0,0)$，$P_2\left(\dfrac{3N_{1m}^{T+1}}{2}, 0\right)$，$P_3\left[\dfrac{N_{1m}^{T+1}(9K_{21} - 6)}{9K_{12}K_{21} - 4}, \dfrac{N_{2m}^{T+1}(6 - 9K_{12})}{9K_{12}K_{21} - 4}\right]$。

分析这三个平衡点的解可得：P_1 是指科研合作双方知识产量都为 0，科研合作共生不存在；P_2 是指参与主体 A 靠自身达到了最大知识产量，而参与主体 B 的知识产量为 0，共生依旧不存在；这两个解都是无效解，不符合实际情况，因此排除这两个解以后，着重研究 P_3 的稳定性，P_3 表示参与主体 A 和参与主体 B 的知识产出为 $\dfrac{N_{1m}^{T+1}(9K_{21} - 6)}{9K_{12}K_{21} - 4}$ 和 $\dfrac{N_{2m}^{T+1}(6 - 9K_{12})}{9K_{12}K_{21} - 4}$，且参与主体 A 和参与主体 B 的知识产出满足经济条件：

$$\begin{cases} \dfrac{N_{1m}^{T+1}(9K_{21} - 6)}{9K_{12}K_{21} - 4} > 0 \\ \dfrac{N_{2m}^{T+1}(6 - 9K_{12})}{9K_{12}K_{21} - 4} > 0 \end{cases} \quad (8.11)$$

解不等式（8.11），得

$$\begin{cases} K_{12}K_{21} > \dfrac{4}{9} \\ K_{21} > \dfrac{2}{3} \\ K_{12} < \dfrac{2}{3} \end{cases} \quad \text{或} \quad \begin{cases} K_{12}K_{21} < \dfrac{4}{9} \\ K_{21} < \dfrac{2}{3} \\ K_{12} > \dfrac{2}{3} \end{cases}$$

2）平衡点的解的稳定性分析

运用微分知识对平衡点的解进行一阶泰勒展开，即

$$\begin{cases} \dfrac{dN_1(t)}{dt} = (N_1 - N_1^0)r_1\left(N_1 - \dfrac{N_1^2}{N_{1m}^{T+1}} + \dfrac{K_{21}N_1N_2}{N_{2m}^{T+1}}\right) + (N_2 - N_2^0)\dfrac{r_1K_{21}N_1^2}{2N_{2m}^{T+1}} \\ \dfrac{dN_2(t)}{dt} = (N_1 - N_1^0)\dfrac{r_2K_{12}N_2^2}{2N_{1m}^{T+1}} + (N_2 - N_2^0)r_2\left(-N_2 - \dfrac{N_2^2}{N_{2m}^{T+1}} + \dfrac{K_{12}N_1N_2}{N_{1m}^{T+1}}\right) \end{cases} \quad (8.12)$$

因此，相对应的系数矩阵，记为 $\boldsymbol{B}$，即

$$\boldsymbol{B} = \begin{bmatrix} r_1\left(N_1 - \dfrac{N_1^2}{N_{1m}^{T+1}} + \dfrac{K_{21}N_1N_2}{N_{2m}^{T+1}}\right) & \dfrac{r_1K_{21}N_1^2}{2N_{2m}^{T+1}} \\ \dfrac{r_2K_{12}N_2^2}{2N_{1m}^{T+1}} & r_2\left(-N_2 - \dfrac{N_2^2}{N_{2m}^{T+1}} + \dfrac{K_{12}N_1N_2}{N_{1m}^{T+1}}\right) \end{bmatrix} \quad (8.13)$$

系数矩阵 $\boldsymbol{B}$ 的行列式 $|\boldsymbol{B}| \neq 0$，方程组的特征方程是 $\det(\lambda\boldsymbol{I} - \boldsymbol{B}) = 0$。将平衡点 $P_3\left[\dfrac{N_{1m}^{T+1}(9K_{21}-6)}{9K_{12}K_{21}-4}, \dfrac{N_{2m}^{T+1}(6-9K_{12})}{9K_{12}K_{21}-4}\right]$ 代入系数矩阵 $\boldsymbol{B}$，根据稳定点的判定方法，解得 P_3 为平衡点，平衡条件为 $K_{12}K_{21} < \dfrac{4}{9}$，$K_{21} < \dfrac{2}{3}$，$K_{12} > \dfrac{2}{3}$。

3）稳定共生解的经济解释

由平衡点的稳定性分析可得平衡点的解的实际范围为 $K_{21} < \dfrac{2}{3}$，$K_{12} > \dfrac{2}{3}$，$K_{12}K_{21} < \dfrac{4}{9}$，对这三个不等式的分析解释如下。

（1）$K_{21} < \dfrac{2}{3}$ 表示参与主体 B 对参与主体 A 的知识产出贡献相对较小。在实际科研合作中，处于核心地位的一方由于自身影响力、知识优势等因素，在虚拟学术社区中具有一定的优势，所以在自身知识产出比较大的情况下，参与主体 B 对于参与主体 A 的知识产出贡献会相对较小。

（2）$K_{12} > \dfrac{2}{3}$ 表示参与主体 A 对参与主体 B 的知识产出贡献相对比较大。在实际的科研合作中，处于次要地位的一方由于自身知识资源有限，所以会从科研合作中获得更多的知识收益，参与主体 A 对参与主体 B 的知识产出贡献会相对较大。

（3）结合 $K_{21} < \dfrac{2}{3}$，$K_{12} > \dfrac{2}{3}$ 这两种情况，$K_{12}K_{21} < \dfrac{4}{9}$ 表示只有参与主体 A 自身的知

识产出已经很大，参与主体 B 对其贡献很小，而且参与主体 A 从参与主体 B 获得的知识收益较小，参与主体 B 从参与主体 A 获得的知识收益大于其自身的知识产出的增长。

根据以上结论可得：参与主体 A 对参与主体 B 的贡献大于参与主体 B 对参与主体 A 的贡献，在虚拟学术社区科研合作中，处于核心地位的参与者数量远远少于处于次要地位的参与者，但这些核心参与者对于次要地位参与者的贡献却大于次要地位的参与者对核心地位参与者的贡献。

4. 对称性互惠共生模式下共生模型

在虚拟学术社区科研合作的对称性互惠共生关系中，对称性互惠共生可以扩大科研人员的环境容量，虚拟学术社区科研合作参与主体对彼此都会产生正向影响。由此，得到了虚拟学术社区科研合作在对称性互惠共生模式下共生模型的微分方程组：

$$\begin{cases} \dfrac{dN_1(t)}{dt} = r_1 N_1 \left(1 - \dfrac{N_1}{N_{1m}} + \dfrac{K_{21}N_2}{N_{2m}}\right) \\ \dfrac{dN_2(t)}{dt} = r_2 N_2 \left(1 - \dfrac{N_2}{N_{2m}} + \dfrac{K_{12}N_1}{N_{1m}}\right) \end{cases} \tag{8.14}$$

其中 $K_{21} > 0$ 且 $K_{12} > 0$。环境容量变化为 $N_{1m} = K_1^0 + K_{21}f_{21}[N_1(t)]$，$N_{2m} = K_2^0 + K_{12}f_{12}[N_2(t)]$，其中 $f_{21}[N_1(t)]$ 和 $f_{12}[N_2(t)]$ 为增函数。

对称性互惠共生模式下的共生模型修正为

$$\begin{cases} \dfrac{dN_1(t)}{dt} = r_1 N_1 \left(1 - \dfrac{N_1}{K_1^0 + K_{21}f_{21}[N_1(t)]} + \dfrac{K_{21}N_2}{K_2^0 + K_{12}f_{12}[N_2(t)]}\right) \\ \dfrac{dN_2(t)}{dt} = r_2 N_2 \left(1 - \dfrac{N_2}{K_2^0 + K_{12}f_{12}[N_2(t)]} + \dfrac{K_{12}N_1}{K_1^0 + K_{21}f_{21}[N_1(t)]}\right) \end{cases} \tag{8.15}$$

同样，参与主体 A 和参与主体 B 的环境容量可以近似看作固定值：$N_{1m}^{T+1} = K_1^0 + K_{21}\dfrac{f_{21}[N_1(t_T)] + f_{21}[N_1(t_{T+1})]}{2}$，$N_{2m}^{T+1} = K_2^0 + K_{12}\dfrac{f_{12}[N_2(t_T)] + f_{12}[N_2(t_{T+1})]}{2}$。

取 $\Delta t \in (0, t_{T+1} - t_T)$，$(t_T, t_{T+1})$ 这一时段的增长符合逻辑斯谛方程，即

$$\begin{cases} \dfrac{dN_1(t)}{d\Delta t} = r_1 N_1 \left(1 - \dfrac{N_1}{N_{1m}^{T+1}} + \dfrac{K_{21}N_2}{N_{2m}^{T+1}}\right) \\ \dfrac{dN_2(t)}{d\Delta t} = r_2 N_2 \left(1 - \dfrac{N_2}{N_{2m}^{T+1}} + \dfrac{K_{12}N_1}{N_{1m}^{T+1}}\right) \end{cases} \tag{8.16}$$

则

$$\begin{cases} \dfrac{dN_1(t)}{dt} = r_1 N_1^2 \left(\dfrac{1}{2} - \dfrac{N_1}{3N_{1m}^{T+1}} + \dfrac{K_{21}N_2}{2N_{2m}^{T+1}}\right) \\ \dfrac{dN_2(t)}{dt} = r_2 N_2^2 \left(\dfrac{1}{2} - \dfrac{N_2}{3N_{2m}^{T+1}} + \dfrac{K_{12}N_1}{2N_{1m}^{T+1}}\right) \end{cases} \tag{8.17}$$

1）共生模型平衡点的解

求解微分方程组（8.17），得到平衡点 $P_1(0,0)$，$P_2\left(\dfrac{3N_{1m}^{T+1}}{2},0\right)$，$P_3\left(0,\dfrac{3N_{2m}^{T+1}}{2}\right)$，$P_4\left[\dfrac{N_{1m}^{T+1}(6+9K_{21})}{4-9K_{12}K_{21}},\dfrac{N_{2m}^{T+1}(6+9K_{12})}{4-9K_{12}K_{21}}\right]$。

分析这四个平衡点的解可得：P_1 是指科研合作双方知识产量都为 0，科研合作共生不存在；P_2 是指参与主体 A 靠自身达到了最大知识产量，而参与主体 B 的知识产量为 0，共生不存在；P_3 是指参与主体 B 靠自身达到了最大知识产量，而参与主体 A 的知识产量为 0，共生不存在；这三个解都是无效解，不符合实际情况，因此排除这三个解后，着重研究 P_4 的稳定性，P_4 这个平衡点表示参与主体 A 和参与主体 B 的知识产出分别是 $\dfrac{N_{1m}^{T+1}(6+9K_{21})}{4-9K_{12}K_{21}}$ 和 $\dfrac{N_{2m}^{T+1}(6+9K_{12})}{4-9K_{12}K_{21}}$，参与主体 A 和参与主体 B 的知识产出需要满足经济条件：

$$\begin{cases} \dfrac{N_{1m}^{T+1}(6+9K_{21})}{4-9K_{12}K_{21}}>0 \\[2mm] \dfrac{N_{2m}^{T+1}(6+9K_{12})}{4-9K_{12}K_{21}}>0 \end{cases} \tag{8.18}$$

解不等式（8.18），得 $K_{12}K_{21}<\dfrac{4}{9}$。

2）平衡点的解的稳定性分析

运用微分知识对平衡点的解进行一阶泰勒展开，即

$$\begin{cases} \dfrac{\mathrm{d}N_1(t)}{\mathrm{d}t}=(N_1-N_1^0)r_1\left(N_1-\dfrac{N_1^2}{N_{1m}^{T+1}}+\dfrac{K_{21}N_1N_2}{N_{2m}^{T+1}}\right)+(N_2-N_2^0)\dfrac{r_1K_{21}N_1^2}{2N_{2m}^{T+1}} \\[2mm] \dfrac{\mathrm{d}N_2(t)}{\mathrm{d}t}=(N_1-N_1^0)\dfrac{r_2K_{12}N_2^2}{2N_{1m}^{T+1}}+(N_2-N_2^0)r_2\left(N_2-\dfrac{N_2^2}{N_{2m}^{T+1}}+\dfrac{K_{12}N_1N_2}{N_{1m}^{T+1}}\right) \end{cases} \tag{8.19}$$

因此，相对应的系数矩阵，记为 C，即

$$C=\begin{bmatrix} r_1\left(N_1-\dfrac{N_1^2}{N_{1m}^{T+1}}+\dfrac{K_{21}N_1N_2}{N_{2m}^{T+1}}\right) & \dfrac{r_1K_{21}N_1^2}{2N_{2m}^{T+1}} \\[4mm] \dfrac{r_2K_{12}N_2^2}{2N_{1m}^{T+1}} & r_2\left(N_2-\dfrac{N_2^2}{N_{2m}^{T+1}}+\dfrac{K_{12}N_1N_2}{N_{1m}^{T+1}}\right) \end{bmatrix} \tag{8.20}$$

系数矩阵 C 的行列式 $|C|\neq 0$，方程组的特征方程是 $\det(\lambda I-C)=0$。将平衡点 $P_4\left[\dfrac{N_{1m}^{T+1}(6+9K_{21})}{4-9K_{12}K_{21}},\dfrac{N_{2m}^{T+1}(6+9K_{12})}{4-9K_{12}K_{21}}\right]$ 代入系数矩阵 C，根据稳定点的判定方法，解得 P_4 为平衡点，平衡条件为 $K_{12}K_{21}<\dfrac{4}{9}$，$0<K_{21}<\dfrac{2}{3}$，$0<K_{12}<\dfrac{2}{3}$。

3）稳定共生解的经济解释

$0 < K_{21} < \frac{2}{3}$，$0 < K_{12} < \frac{2}{3}$ 表示在虚拟学术社区科研合作对称性互惠共生关系中，参与主体双方对对方的知识产量是有限的，彼此间相互制约，这表明双方只有处于对等状态时，科研合作才能实现相对稳定。对称性互惠共生的利益分配机制是对称的，因此是最公平的机制，同时也是最稳定的共生状态，是科研合作的理想模式。

在对称性互惠共生模型中，科研参与者的贡献主要是知识交流与共享、新成果的产出、知识成本的减少等。由于知识成果分配方式是对称的，所以科研参与者所拥有的知识水平对贡献的分配的影响作用也变得有限，同时也会使得科研合作参与者的知识风险减少，在虚拟学术社区中形成积极向上的知识共享氛围，促进科研人员之间的合作交流。

8.3.4 虚拟学术社区科研合作共生稳定性分析

1. 寄生模式下虚拟学术社区科研合作共生稳定性分析

寄生模式下虚拟学术社区科研合作具有较高的不稳定性，往往会出现投机行为，由于在科研合作中不会产生新的知识成果，仅仅改变了原有知识资源的分配情况，并且共生关系仅仅是单向的知识流动。在寄生模式下，寄主主体是知识资源的提供者，寄生主体是知识资源的吸收者，而寄主主体希望在科研合作中有新的知识资源出现，当寄主主体发现没有新知识资源出现，且自己拥有的知识资源被寄生主体利用吸收时，作为理性经济人的寄主主体不会再愿意参与科研合作，导致科研合作关系的破裂，这定会给科研合作带来极大的不稳定性。

2. 偏利共生模式下虚拟学术社区科研合作共生稳定性分析

在偏利共生模式下，科研合作会产生新的知识成果，却被某一方全部获取。若在封闭系统中，该模式不会对科研合作团体中的未获取知识成果的成员产生影响，对获取知识成果的成员产生促进作用；若在开放系统中，通过制定补偿机制，会增强科研合作的稳定性。但是综合分析，偏利共生模式难以长期维持，该模式下科研合作的不稳定性也是相当大的。

3. 非对称性互惠共生模式下虚拟学术社区科研合作共生稳定性分析

相对于寄生和偏利共生，非对称性互惠共生处于较高级阶段，科研合作参与各方都能获得科研合作的收益，但是收益并不能均等分配，他们的意愿只能得到某种程度的满足，加入科研合作后他们获得的知识收益要大于不参与科研合作的收益。非对称性互惠共生模式下的科研合作团体，其管理机制和沟通协调机制基本成熟，使得科研合作处于较为稳定状态，但由于其知识成果分配并不均衡，其稳定性仍会受到一定影响。

非对称性互惠共生模式下科研合作的风险会降低，单个科研主体知识创新成本往往较高,不确定性风险也很大,参与科研合作后,由于其他科研主体的参与,使得知识创新成本降低,从而也降低了不确定性风险,确保了科研活动的顺利进行。在实际的虚拟学术社区科研合作中,最为可能出现的就是非对称性互惠共生模式,在这种模式下,会有新的知识成果产生,但并不能够得到均衡分配。

4. 对称性互惠共生模式下虚拟学术社区科研合作共生稳定性分析

对称性互惠共生模式下的虚拟学术社区科研合作是科研合作共生模式发展的最优状态,这种模式具有较高的稳定性。在该模式下,新的知识资源成果产生是均匀分配的,分配具有对称性,因此,对称性互惠共生模式能增强科研合作参与主体间的信任,减少投机行为的出现,科研参与主体也越来越愿意共享自身的知识资源,从而创造更大的知识价值,使得科研合作更加趋于稳定。参与主体间知识沟通交流的程度越大,科研合作知识协同作用也就越大,从而使得科研合作不确定性降低,科研合作风险也会降低。

5. 基于稳定性分析的虚拟学术社区科研合作共生理想模式

通过模型推导,可以发现虚拟学术社区科研合作中寄生和偏利共生是不利于虚拟学术社区科研合作的,非对称性互惠共生虽然具有一定的不稳定性,但是随着虚拟学术社区科研合作逐渐发展,最终演变为对称性互惠共生,趋于稳定。

8.4 虚拟学术社区科研合作共生稳定性模型的仿真分析

虚拟学术社区科研合作过程中,如何使合作达到平衡稳定状态是研究的重点问题。根据 8.3.3 小节虚拟学术社区科研合作共生模型的分析,可知非对称性互惠共生和对称性互惠共生存在平衡解。因为虚拟学术社区生态系统参与主体较为复杂,数据获取具有很大的难度,所以根据 8.3.3 小节稳定共生解的取值范围进行赋值,利用 MATLAB 软件来仿真分析虚拟学术社区中科研合作参与主体在不同模式下的知识产出变化趋势。

8.4.1 非对称性互惠共生稳定性模型的仿真分析

根据非对称性互惠共生的假设条件和分析,设 $N_1(0)=0.5$,$N_2(0)=0.1$,$r_1=3$,$r_2=1.5$,考虑该模式下环境容量的变化对参与主体知识产量最大值的影响,根据平衡点 $P_3\left[\dfrac{N_{1m}^{T+1}(9K_{21}-6)}{9K_{12}K_{21}-4},\dfrac{N_{2m}^{T+1}(6-9K_{12})}{9K_{12}K_{21}-4}\right]$ 稳定性条件分别给 K_{21}、K_{12} 和 N_{1m}^{T+1}、N_{2m}^{T+1} 赋值。选 4 组不同的 $(K_{21},K_{12},N_{1m}^{T+1},N_{2m}^{T+1})$,赋值分别是 (0.1,0.9,3,1.5)、(0.3,0.75,3.5,1.5)、(0.3,0.9,4,2)、(0.4,1,4.5,2.5),得到仿真结果如图 8.1~图 8.4 所示。

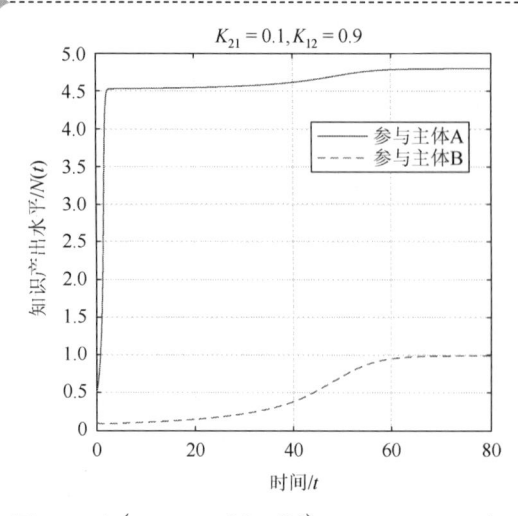

图 8.1 当 $(K_{21}, K_{12}, N_{1m}^{T+1}, N_{2m}^{T+1}) = (0.1, 0.9, 3, 1.5)$ 时，参与主体 A 和参与主体 B 知识产出水平

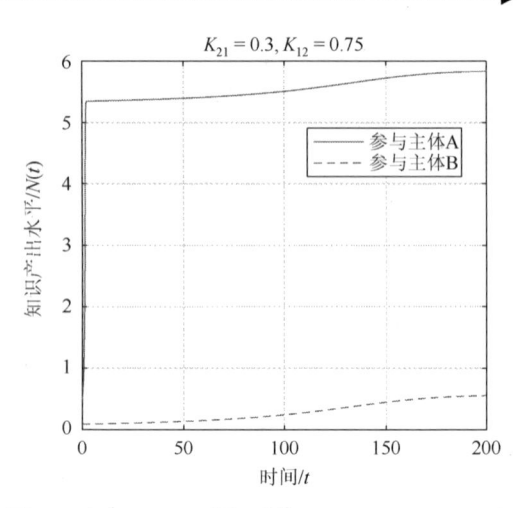

图 8.2 当 $(K_{21}, K_{12}, N_{1m}^{T+1}, N_{2m}^{T+1}) = (0.3, 0.75, 3.5, 1.5)$ 时，参与主体 A 和参与主体 B 知识产出水平

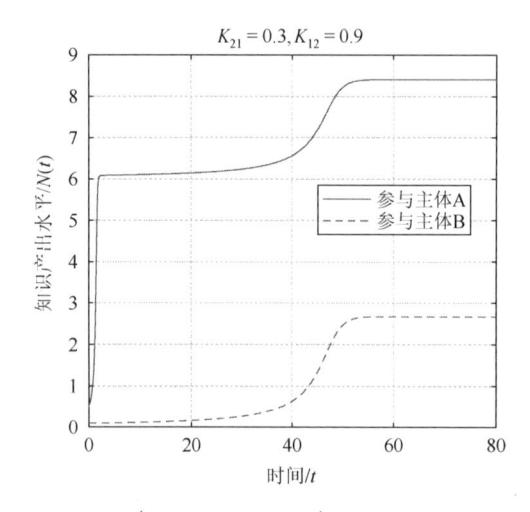

图 8.3 当 $(K_{21}, K_{12}, N_{1m}^{T+1}, N_{2m}^{T+1}) = (0.3, 0.9, 4, 2)$ 时，参与主体 A 和参与主体 B 知识产出水平

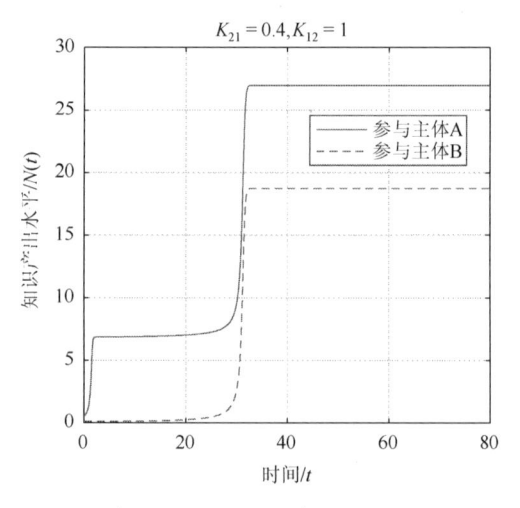

图 8.4 当 $(K_{21}, K_{12}, N_{1m}^{T+1}, N_{2m}^{T+1}) = (0.4, 1, 4.5, 2.5)$ 时，参与主体 A 和参与主体 B 知识产出水平

图 8.1 中 $(K_{21}, K_{12}, N_{1m}^{T+1}, N_{2m}^{T+1})$ 取值为 $(0.1, 0.9, 3, 1.5)$，参与主体 A 和参与主体 B 对彼此的贡献总和为 1，参与主体 A 的知识产出约为 4.8，参与主体 B 的知识产出约为 1，可得科研合作知识产出总和约为 5.8，科研合作系统稳定时期 $t = 60$，即知识产出水平保持稳定不变；图 8.2 中 $(K_{21}, K_{12}, N_{1m}^{T+1}, N_{2m}^{T+1})$ 取值为 $(0.3, 0.75, 3.5, 1.5)$，参与主体 A 和参与主体 B 对彼此的贡献总和为 1.05，参与主体 A 的知识产出约为 5.9，参与主体 B 的知识产出约为 0.5，可得科研合作知识产出总和约为 6.4，科研合作系统稳定时期 $t = 180$；图 8.3 中 $(K_{21}, K_{12}, N_{1m}^{T+1}, N_{2m}^{T+1})$ 取值为 $(0.3, 0.9, 4, 2)$，参与主体 A 和参与主体 B 对彼此的贡献总和为 1.2，参与主体 A 的知识产出约为 8.4，参与主体 B 的知识产出约为 2.8，可得科研合作知

识产出总和约为 11.2，科研合作系统稳定时期 $t=52$；图 8.4 中 $\left(K_{21}, K_{12}, N_{1m}^{T+1}, N_{2m}^{T+1}\right)$ 取值为 $(0.4,1,4.5,2.5)$，参与主体 A 和参与主体 B 对彼此的贡献总和为 1.4，参与主体 A 的知识产出约为 27，参与主体 B 的知识产出约为 19，可得科研合作知识产出总和约为 46，科研合作系统稳定时期 $t=32$。

由此得出以下结论：①由图 8.1～图 8.4 可知，在虚拟学术社区科研合作中，科研参与者知识贡献程度越高，双方的知识产出都会越高，也就是说拥有丰富知识资源的科研参与者通过相互合作，可以不断拓展自身知识范围，从而实现自身协同知识效益的增加，提高科研合作总的知识产出。②由图 8.1 和图 8.3 可知，当处于次要地位的参与者在虚拟学术社区科研合作中贡献较弱时，其科研参与者知识产出并不能得到很好的提高；同样，由图 8.2 和图 8.3 可知，核心参与者知识贡献较弱时，其对科研合作的知识产出也是有限的。此时的科研合作是低效益的，在这种情况之下，科研参与者有可能会因为自身需求得不到满足而选择离开，最终导致科研合作失败。③由图 8.1～图 8.3 可知，科研合作中核心参与者对整个科研合作的影响较大，提高核心参与者的知识贡献有助于科研合作的稳定。④由图 8.4 可知，当科研参与者都提升自身的知识贡献时，知识产出会大幅度提高，整个合作能够在较短时间内达到稳定状态，这样更有助于科研参与者的知识产出，达到科研合作目标。

8.4.2 对称性互惠共生稳定性模型的仿真分析

根据对称性互惠共生模式下的假设条件和分析，设 $N_1(0)=0.5$，$N_2(0)=0.1$，$r_1=3$，$r_2=1.5$，考虑该模式下环境容量的变化对参与主体知识产量最大值的影响，根据平衡点 $P_4\left[\dfrac{N_{1m}^{T+1}(6+9K_{21})}{4-9K_{12}K_{21}}, \dfrac{N_{2m}^{T+1}(6+9K_{12})}{4-9K_{12}K_{21}}\right]$ 稳定性条件分别给 K_{21}、K_{12} 和 N_{1m}^{T+1}、N_{2m}^{T+1} 赋值。选 4 组不同的 $\left(K_{21}, K_{12}, N_{1m}^{T+1}, N_{2m}^{T+1}\right)$，赋值分别是 $(0.4,0.1,3,1.2)$、$(0.1,0.4,3.5,1.5)$、$(0.4,0.4,4,2)$、$(0.6,0.6,5,3)$，得到仿真结果如图 8.5～图 8.8 所示。

图 8.5 中 $\left(K_{21}, K_{12}, N_{1m}^{T+1}, N_{2m}^{T+1}\right)$ 取值为 $(0.4,0.1,3,1.2)$，参与主体 A 和参与主体 B 对彼此的贡献总和为 0.5，参与主体 A 的知识产出约为 8，参与主体 B 的知识产出约为 2.2，可得科研合作知识产出总和约为 10.2，科研合作系统稳定时期 $t=15$；图 8.6 中 $\left(K_{21}, K_{12}, N_{1m}^{T+1}, N_{2m}^{T+1}\right)$ 取值为 $(0.1,0.4,3.5,1.5)$，参与主体 A 和参与主体 B 对彼此的贡献总和为 0.5，参与主体 A 的知识产出约为 6.6，参与主体 B 的知识产出约为 4，可得科研合作知识产出总和约为 10.6，科研合作系统稳定时期 $t=11$；图 8.7 中 $\left(K_{21}, K_{12}, N_{1m}^{T+1}, N_{2m}^{T+1}\right)$ 取值为 $(0.4,0.4,4,2)$，参与主体 A 和参与主体 B 对彼此的贡献总和为 0.8，参与主体 A 的知识产出约为 15，参与主体 B 的知识产出约为 7.8，可得科研合作知识产出总和约为 22.8，科研合作系统稳定时期 $t=10$；图 8.8 中 $\left(K_{21}, K_{12}, N_{1m}^{T+1}, N_{2m}^{T+1}\right)$ 取值为 $(0.6,0.6,5,3)$，参与主体 A 和参与主体 B 对彼此的贡献总和为 1.2，参与主体 A 的知识产出约为 75，参与主体 B 的

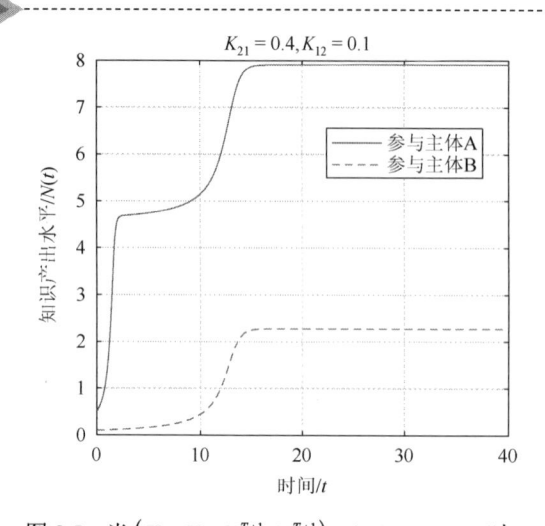

图 8.5 当 $(K_{21}, K_{12}, N_{1m}^{T+1}, N_{2m}^{T+1}) = (0.4, 0.1, 3, 1.2)$ 时，参与主体 A 和参与主体 B 知识产出水平

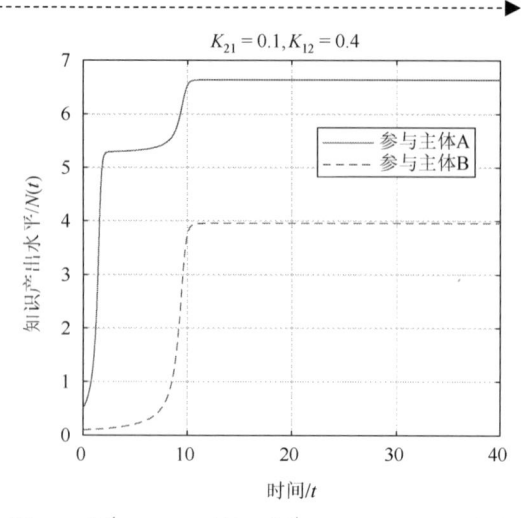

图 8.6 当 $(K_{21}, K_{12}, N_{1m}^{T+1}, N_{2m}^{T+1}) = (0.1, 0.4, 3.5, 1.5)$ 时，参与主体 A 和参与主体 B 知识产出水平

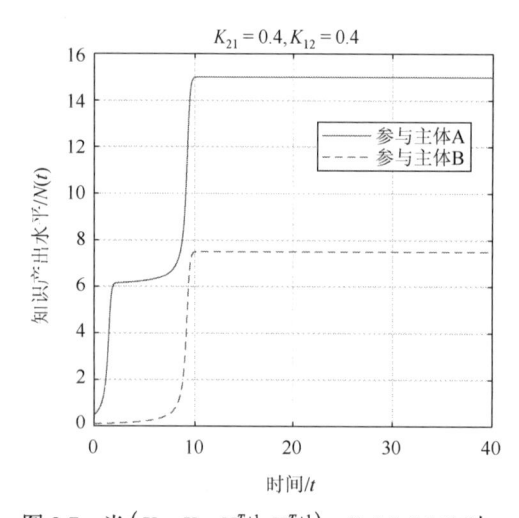

图 8.7 当 $(K_{21}, K_{12}, N_{1m}^{T+1}, N_{2m}^{T+1}) = (0.4, 0.4, 4, 2)$ 时，参与主体 A 和参与主体 B 知识产出水平

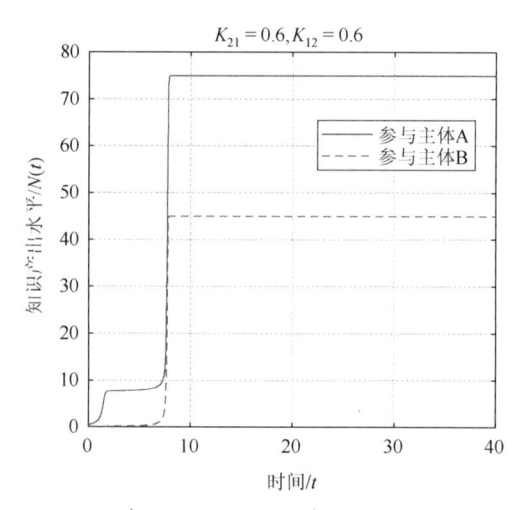

图 8.8 当 $(K_{21}, K_{12}, N_{1m}^{T+1}, N_{2m}^{T+1}) = (0.6, 0.6, 5, 3)$ 时，参与主体 A 和参与主体 B 知识产出水平

知识产出约为 45，可得科研合作知识产出总和约为 120，科研合作系统稳定时期 $t=7$。

由此得出以下结论：①由图 8.6 和图 8.7 可知，参与主体 A 的知识贡献能力在一定的条件下，参与主体 B 的知识贡献越高，对参与主体 A 的知识产出提升作用越大；反之，由图 8.5 和图 8.7 可知，参与主体 B 的知识贡献能力在一定条件下，参与主体 A 的知识贡献越高，对参与主体 B 的知识产出提升作用越大；②由图 8.7 和 8.8 可知，参与主体 A 和参与主体 B 在科研合作的过程中，当两者的知识贡献程度差不多时，知识贡献越大，双方知识产出会大幅度提高，且系统达到稳定状态的时间也会缩短；③参与主体 A 和参与主体 B 之间若某一方的知识贡献能力较弱时，知识贡献较强的一方会帮助知识贡献较弱的一方实现一定的知识产出,虽然这会对自身的知识产出造成一定的影响,但是能够实现彼此呈螺旋式递增的发展态势,有利于彼此知识产出的提高。

8.5 虚拟学术社区科研合作共生稳定性发展对策和建议

虚拟学术社区科研人员合作演化过程与生态系统的种群演化过程相似,选取虚拟学术社区中科研参与者作为研究对象,通过对科研参与者之间知识交流共享过程进行建模和仿真分析,针对所分析的科研合作体中可能存在的不稳定性因素,从共生单元维度、共生模式维度及共生环境维度得出相关的结论和建议。

8.5.1 共生单元维度的对策和建议

共生单元维度主要是指如何选取参与的共生单元成员,以及从共生单元角度提出虚拟学术社区科研合作的对策和建议,包括以下几个方面。

(1) 在选择虚拟学术社区科研合作成员时,应考虑科研合作成员的实力和成员单元间所拥有知识的相互关联性,彼此之间的关联性越强,他们的共生系统会更容易建立,稳定性也会在一定程度上加强。因此,组成科研合作团体的参与者在知识结构上要有一定的关联,这样可以降低科研人员的沟通成本,便于科研合作的形成。

(2) 在选择虚拟学术社区科研合作成员时,应注重考虑科研合作成员单元间的互补性,注重科研合作成员知识的差异,鼓励科研合作成员跨知识、跨学科、跨领域的科研合作,集合他们的知识资源优势。这样有利于科研主体间取长补短,满足科研合作成员的多重需求,优化知识共享的效果,从而激发科研合作成员合作的活力。

(3) 在选择虚拟学术社区科研合作成员时,还应该考虑科研合作的整体目标,明确科研合作的目的,培育科研合作的意识。科研合作参与者之间的彼此贡献水平相当时,他们都可以实现一定的知识产出,并取得远大于自身所能实现的知识产出水平;而当出现欺骗等行为时,知识产出最终会受到巨大损失,影响科研合作的稳定性。因此,科研参与者应从长远的角度考虑,通过协作来实现自身产出水平的提高,达到互利多赢,促使科研合作较为稳定地发展。

8.5.2 共生模式维度的对策和建议

共生模式维度的对策和建议主要是指对虚拟学术社区科研合作团体的管理模式提出对策和建议,是从内部环境着手,具体包括以下几个方面。

(1) 虚拟学术社区中科研合作是存在一定的风险的,建立完善的知识保护机制和知识损失补偿机制势在必行,落实科研合作参与者之间的任务分工,以防范知识被泄露、搭便车、投机主义行为等消极行为带来的风险。虚拟学术社区需要建立合理的监督防范机制，完善内部管理制度，从而降低科研合作过程中的逆向选择和道德风险，促进虚拟学术社区科研人员间的合作。

（2）虚拟学术社区应该制定公平、合理的管理体系，从科研人员的实际需求出发建立完善的体系，如形成竞争机制、合作绩效机制等，也要准确把握科研合作的"质"和"量"，促进虚拟学术社区科研人员间的科研合作。

（3）虚拟学术社区应该制定利益保障机制。合作中产生的科研成果及其产权归属问题应事先制定好，对违背利益保障机制的行为进行惩罚，保护科研参与者合法权益不受损害。

（4）虚拟学术社区利益分配机制需逐步建立、完善。当科研合作产生新的知识收益时，公正的利益分配机制可以降低科研合作的不稳定性。在科研合作过程中，科研人员只有在自身利益最大化前提下才愿意真正地合作，利益分配需实现科研参与者付出与所得的关系，这样才能保证其参与合作的积极性。

8.5.3 共生环境维度的对策和建议

共生环境维度的对策和建议，主要是从外部环境着手，在虚拟学术社区科研合作过程中营造一个良好稳定可持续发展的氛围。

（1）虚拟学术社区中良好的社区氛围有助于科研人员间的科研合作，在虚拟学术社区内制定相互平等、相互尊重的规章制度，形成互帮互助的价值观，鼓励科研人员间合作交流、分享科研成果。

（2）虚拟学术社区应该建设有利于科研合作的虚拟学术社区环境，通过选择正确的信息搜集方法等技术手段、营造和谐氛围等方式促进虚拟学术社区科研人员合作。这样既能增强虚拟学术社区成员的归属感与自我效能感，又能促进科研人员间的合作。

8.6 本章小结

本章基于共生理论，构建了虚拟学术社区科研合作共生的4种模式，并用逻辑斯谛模型分析了虚拟学术社区不同模式下科研合作的稳定性。研究表明：寄生模式的不稳定性最高；偏利共生模式不稳定性次之；科研合作在非对称性互惠共生模式下较为稳定，不稳定性存在于科研成果的不对称分配；对称性互惠共生模式由于较好的成果分配机制，科研合作趋于稳定。利用仿真分析虚拟学术社区中科研合作在不同模式下知识产出的变化趋势，虽然科研合作成员之间存在着知识势差，但当科研参与者都提升自身的知识贡献时，知识产出会大幅度提高，科研合作共生的稳定性也就会相应提升。最后，从共生单元、共生模式和共生环境三个维度提出提升虚拟学术社区科研合作稳定性的建议，以充分发挥虚拟学术社区在学术交流、科研合作、知识创新等方面的功能。

第 9 章 >>>

虚拟学术社区中科研人员合作行为的保障机制

合作保障是一种外在制约，其建立和完善能够促进虚拟学术社区中科研人员的深度合作，带来高效的产出。虚拟学术社区科研人员合作保障构建可以从利益协同机制建设、正向激励机制建设、声誉管理机制建设、需求满足机制建设等方面着手。

9.1 虚拟学术社区中科研人员合作存在的问题及成因

9.1.1 科研人员合作实践中存在的问题

虚拟学术社区是从 BBS 论坛、博客等的基础上逐步形成的专业性网络社区，其在发展初期数量庞大、精品较少、同质化竞争严重等问题比较突出。现如今，曾经人气兴旺的一些大型虚拟学术社区如中国学术论坛、Soscholar 天玑学术网、科学松鼠会等，都已关闭或暂停服务。可见，虚拟学术社区平台如果不重视内容质量、用户体验、平台功能等的建设，最后就会被用户抛弃。从当前的虚拟学术社区中科研人员合作的实践来看，总体仍存在以下问题亟待解决。

1. 虚拟学术社区平台各方利益存在冲突

虚拟学术社区平台各方利益存在冲突主要体现在几个方面：一是平台方与科研人员方的经济利益的冲突，如部分平台对科研人员获取平台科研资源采取收费模式，但从科研人员的角度来看，既然是其他用户提供上传的科研数据，平台理应完全开放、免费提供给加入平台的所有成员，但现实并非如此；二是科研人员不断增长的多元化信息需求，与虚拟学术社区平台方相对单一、固化的信息服务之间存在鸿沟；三是科研人员、虚拟学术社区平台、研究机构、政府部门和行业协会在虚拟学术社区中科研人员合作中的权力、义务、责任及利益并非完全对等，各参与主体之间存在个体利益与公共利益的冲突。此外，知识产权所属权也是各方参与者经常会遇到的问题。

2. 科研人员合作积极性、主动性、创造性不足

从现有的虚拟学术社区中科研人员合作的深度、广度来看，大部分的科研合作仍停留在较为初级的浅表合作。比如，大部分科研人员在虚拟学术社区中往往满足于找到某个问题的讨论答案、获取某个科研数据资源、浏览某领域的学术资讯，并没有考虑如何利用现有平台资源构建科研小组，或加入其他科研团队来拓展自己的科研视野。科研人员合作深度不够，表明科研人员的科研合作积极性、主动性不足，继而导致科研的创造性不足。

3. 科研人员合作满意度不高

科研人员作为科技创新的主体，同时也是虚拟学术社区中科研合作的主要参与者，

其注册入驻虚拟学术社区是带有一定的主观需求的,比如通过虚拟学术社区平台能寻找到优质的科研合作伙伴,获取丰富、质量可靠的科研数据资源,借助完善的平台制度保障科研合作顺利开展等。但在现实中,虚拟学术社区对科研人员合作需求关注不足,需求保障总体上仍未完善,各平台或多或少都在科研合作的技术保障、质量保障、制度保障、管理保障等方面仍存在不足,如科研数据资源无法全部逐一审核,无法确保科研数据资源的真实性、可靠性;又如用户的知识产权利益无法完全得到保障等。对科研人员合作需求关注不够、需求保障不足,往往会导致科研人员满意度不高、平台用户黏度下降等问题。

9.1.2 科研人员合作实践中存在问题的成因

从现有虚拟学术社区中科研人员合作实践的情况来看,科研合作实践中存在问题的原因主要有以下几个方面。

1. 利益相关者的个体利益与集体利益平衡机制不完善

目前学界尚未有专题讨论虚拟学术社区中科研人员合作相关利益者的界定问题,虚拟学术社区中科研人员合作利益相关者包括哪些利益主体,各利益相关主体有何利益诉求,尚有待明确。与此同时,虚拟学术社区还需要进一步明确科研合作利益相关者的利益权责界限和关系,并探讨建立利益相关者的利益平衡机制或利益主体协同机制,来平衡利益相关者的个体利益与集体利益,以促进虚拟学术社区的健康有序发展,提升科研人员参与虚拟学术社区中科研合作的积极性、主动性。

2. 科研人员合作激励机制缺乏

科研人员往往由于兼顾工作、事业、家庭等多方责任,除了科研工作,业余时间非常少,导致在网络上停留的时间也不多,很难抽出较多的时间和精力投入虚拟学术社区的深度科研合作。

科研人员在虚拟学术社区开展科研合作深度不够,除了科研人员基于自身的时间成本、精力成本考虑,科研合作激励机制的缺乏也是原因之一。在现有的学术评价制度下,科研人员的所属机构和科研资助机构,主要看中科研成果的最终成果,对科研的过程评价较少,缺乏对科研过程中科研合作的激励和引导,但创新往往是在科研合作过程中产生的。因此,平台机构、科研资助机构和政府部门应该针对科研人员的科研合作建立相应的激励机制,鼓励正式或非正式的学术交流与科研合作,规范科研合作中的各种社会关系,提升科研人员参与虚拟学术社区合作研究的积极性、主动性和创造性,提高科研人员合作效率。

3. 对科研人员合作需求关注不足

由于不同学科领域的科研合作具有不同的特点，不同科研个人和团队合作的需求也不尽相同，科研人员合作具有需求多样性、需求个性化等特点。在实践中，虚拟学术社区中科研人员合作满意度不高的原因有多个方面：一方面，虚拟学术社区较难识别出影响用户满意度的关键需求，无法满足科研人员的个性化需求；另一方面，部分虚拟学术社区尚缺乏与用户相应的沟通、反馈渠道，需求反馈渠道不畅通，需求满意机制不完善；再者，虚拟学术社区运营水平有待提高，技术保障、经费保障、质量保障、制度保障、管理保障上存在不足，尚缺乏有针对性地提升用户满意度的策略，如缺乏结合不同需求特点制定有优先次序、有层次的行动策略，影响用户使用虚拟学术社区的意愿和黏度，进而影响用户开展科研合作、共享知识意愿和知识交流的效率。

9.2 虚拟学术社区中科研人员合作的利益协同机制

9.2.1 相关概念界定

1. 利益相关者的界定

Freeman[204]在 *Strategic management：a stakeholder approach* 书中，根据所有权（ownership）、经济依赖性（economic dependence）和社会利益（social interest）三种不同利益关系将企业利益相关者分为三类：所有权利益相关者、经济依赖性利益相关者、社会利益相关者，较早提出了利益相关者的分类界定。20 世纪 80 年代后期，西方的学者开始关注利益相关者的分类。此后，围绕利益相关者的狭义定义和广义定义，以及利益相关者分类界定的难易，是否具有可操作性并应用于企业实践中，利益相关者的分类与界定成为学界的主要研究主题之一。在此期间，国内外学者针对利益相关者的分类提出了两种代表性的分类方法：多维细分法和米切尔评分法。多维细分法主要是以利益相关者的特征差异为基础，从多个维度对企业的利益相关者进行分类。米切尔评分法是美国学者 Mitchell 等[205]于 1997 年为解决当时现有的利益相关者分类界定方法普遍缺乏可操作性，在研究和归纳众多利益相关者定义和分类的基础上，提出的一种利益相关者分类界定评分法。该方法针对相关利益的合法性、权力性、紧急性三个属性，对可能存在的利益相关者进行评分，并以此将利益相关者分为确定型利益相关者、预期型利益相关者、潜在型利益相关者三类。

2. 科研合作的利益相关者界定

科研合作是科研合作的不同主体通过组建团队，基于现场、网络、会议等方式，用语言、文字等载体对学术知识、思想、资源进行交流、互补、创作，以达到知识的增长、问题的解决、资源共享、思想创新或知识应用等目的的一个过程。现有文献较少直接讨论科研合作的利益相关者。更多文献是从科研管理的角度去分析科研主体，如王燕华[8]从大学科研合作制度角度分析，认为大学参与科研合作的组织主要有研究所和研究中心、实验室和研究院、创新团队和课题组、创新平台和创新基地、大学科研正式组织和非正式组织；同时不同的科研合作类型包含的主体也不同，如按大学科研合作主体的层次可分为国际性科研合作、国家层面组织的科研合作、校际科研合作和校内各种层次的科研合作，按合作对象的类型不同可分为高校与政府机构的科研合作、高校与企业的科研合作、高校与其他独立科研机构的合作等。曲建升等[206]认为，由于科研合作规模化和认知主体多元化，所以参与科研工作的人员既包括职业科研人员，也包括业余科研爱好者，具有公民参与性。苏娜[207]认为科学研究的社会影响利益相关者包括产业、公共组织、政府和普通公众。总体上，科研合作的主体已逐渐从个体层次向团队层次、机构层次和国家层次转变[208]。这些研究为科研合作的利益相关者界定提供了一定参考。

通过参考已有利益相关者定义和界定的研究，我们可以将科研合作的利益相关者界定为在科研合作中对科研合作目标产生影响，或受到科研合作过程或目标影响的个体和组织。据此，科研合作的利益相关者包括科研人员、科研人员所属机构、科研管理部门、行业组织、科研成果转化部门、图书情报机构、出版商、其他科研人员、科普工作者、社会受众。其中，当科研合作主体来自不同的国家（地区）时，国际科研合作产生，因此科研合作利益相关者也将涉及不同的国家（地区）。

3. 虚拟学术社区中科研人员合作的利益相关者界定

当科研合作的个体与团体将科研合作转移到虚拟学术社区上，不仅科研合作形态、合作平台发生了变化，同时其所涉及的利益相关者也会因此而产生一些改变。即由现实合作场景转移到了虚拟合作场景，由于场景不同，参与科研合作的个人或组织会有所增加，这主要是由虚拟学术社区的网络属性决定的。

因此，在科研合作利益相关者定义的基础上，虚拟学术社区中科研人员合作的利益相关者定义可以拓展为在虚拟学术社区中科研人员合作对科研合作目标产生影响，或受到科研合作过程或目标影响的个体和组织。同理，虚拟学术社区中科研人员合作的利益相关者包括科研人员、科研人员所属机构、科研资助（管理）机构、行业协会、虚拟学术社区平台投资方、虚拟学术社区平台运营方、虚拟学术社区平台技术提供方、互联网管理部门、科研成果转化部门、图书情报机构等。根据虚拟学术社区中科研人员合作利益相关者的利益关系和利益相关者多维细分法，以上利益相关者群体总体上可分为直接型利益相关者、间接型利益相关者、外部型利益相关者三类，如表9.1所示。

表 9.1　虚拟学术社区中科研人员合作的利益相关者

直接型利益相关者					间接型利益相关者				外部型利益相关者			
科研个人	科研机构		平台方			监管方	科研成果应用者		科研成果受用者		社会公众	外部网络组织	
科研人员	科研人员所属机构	科研资助（管理）机构	行业协会	虚拟学术社区平台投资方	虚拟学术社区平台运营方	虚拟学术社区平台技术提供方	互联网管理部门	科研成果转化部门	图书情报机构	出版商	其他科研人员	科普工作者	科普平台	社会受众	网络媒体组织	广告投放与宣传商家	虚拟学术社区竞争对手

9.2.2　利益相关者的利益诉求

1. 直接型利益相关者的利益诉求

1）科研个人

虚拟学术社区中的科研人员，具体包括教师、科研人员、企业科技人员、在读硕博研究生等。科研人员是参与虚拟学术社区中科研合作的主体，其加入科研人员聚集的虚拟学术社区不仅是兴趣使然，同时还可为其带来众多相关利益：一是学术社交，"物以类聚，人以群分"，加入与自身研究方向、研究兴趣相类似的虚拟学术社区，可以突破自身的地域、机构限制，结交科研伙伴或是与学术大咖交流；二是可以寻求合作，科研人员常常因研究课题工作量大或是涉及跨学科领域，需要科研合作伙伴分担工作量或是承担本人研究领域外的工作，汇聚众多领域科研人员的虚拟学术社区无疑是一个寻求科研合作的最佳场所；三是资源共享，科研资源是进行科研的基础条件之一，科研人员加入虚拟学术社区可以较容易获得其他科研人员共享的科研资源，有助于个人的科研工作开展；四是成果分享，借助虚拟学术社区的平台便利性和科研人员的集聚性，科研人员可以随时发布个人的研究成果，展示工作成效，扩大自己的科研成果影响力。

2）科研机构

（1）科研人员所属机构。科研人员所属机构，一般包括高校、科研院所、企业等。高校作为科研人员的主要来源机构和直接管理机构，其利益要求主要是鼓励本校教师、科研人员和在读硕博研究生加强科研合作，高质量完成科研项目，提高科研成果水平，保持科研成果稳定增长，提升高校的学科建设水平，增强高校的科研服务能力和扩大社会影响力，使本校的科研项目、科研经费、科研成果和人才培养形成一个良性循环。科研院所的利益诉求和高校较为相似，相对于高校有教学、人才培养的重要任务，科研院所更专注于各自的科研领域，其同样要求科研人员加强科研合作，高质量完成科研项目任务，提高科研成果水平，保持科研成果稳定增长，并能满足国家战略需求。企业作为科技创新、科技转化和科技应用的重要主体，其往往扮演两个方面的角色，一方面是担任科研项目的承接方，另一方面是作为科研项目的委托方。但无论扮演哪个角色，企业的科研合作利益是基本相同的，即鼓励企业科研人员进行多方合作，加快科研项目的进程，加快科技成果的转化，并使科研项目效益最大化。

总体上，科研人员所属机构的利益诉求集中体现在科研人员科研绩效的提高上。

（2）科研资助（管理）机构。我国的科研资助（管理）机构，主要是指科技部、全国哲学社会科学规划办公室、国家自然科学基金委员会、教育部社会科学司等科教管理部门，它们主要是为国家科研项目进行规划、立项，为各高校、科研院所提供项目申报、经费支持。国家科教管理部门主要从国家的角度，以全局为出发点，要求科研机构和科研人员立足国家重大战略需求，通过各种途径加强合作，解决社会、科技、工业发展的各类科学问题，满足国家战略需求，使科学研究、科技创新与国家的发展、民族的需要、人民的利益同向同行。

（3）行业协会。我国的科研人员行业协会组织主要是中国科学技术协会及其下属的全国学会、协会、研究会，地方科学技术协会及基层组织组成。中国科学技术协会组织作为密切联系科研人员的群众组织，其工作不仅要反映科学技术工作者的建议、意见和诉求，维护科学技术工作者的合法权益，而且要组织科研人员通过各种线上线下的方式开展学术交流和科技创新，同时还提供科技项目立项和经费资助，参与科学论证和咨询服务，加快科学技术成果转化应用等。

3）平台方

（1）虚拟学术社区平台投资方。虚拟学术社区平台需要相应的资金、人员、设备等资源保障其能有效运营，这需要相应的投资方参与并进行融资。如于2008年5月上线、有着"科学家们的 Facebook"之称、致力于改变科学家科研方式的专业学术社交媒体 ResearchGate，继2010年A轮融资、2012年B轮融资、2014年C轮融资后，2017年又获得5260万美元的D轮融资，累计融资额超过1亿美元，为其发展带来了良好的资金保障。平台投资方的主要利益需求是将平台运营发展壮大，在持续的免费服务吸引大量优秀科研人员加入并聚集优质的科研资源后，再通过提供一定的收费服务来实现平台盈利，比如对机构发布人才需求尝试收费，或出售研究设备和服务等。

（2）虚拟学术社区平台运营方。据了解大部分虚拟学术社区平台在建立之初主要力量都是科研人员，并且初衷基本是为单纯的学术交流、科研合作提供平台，借此促进科学发展，实现科研人员的价值。

（3）虚拟学术社区平台技术提供方。虚拟学术社区平台技术提供方主要为虚拟学术社区平台提供平台数据保存、技术维护更新等服务。虚拟学术社区平台技术服务的便利性、可用性和稳定性是吸引更多科研人员参与虚拟学术社区的重要前提，优质的技术服务会促使虚拟学术社区平台运营方更愿意采购虚拟学术社区平台技术提供方的技术服务，为自身技术提供方带来技术收益。

4）监管方

互联网管理部门。互联网管理部门主要是指工业和信息化部和网络安全管理部门，其主要管理虚拟学术社区平台的 ICP/IP 备案信息，同时要求虚拟学术社区平台按照《非经营性互联网信息服务备案管理办法》《互联网域名管理办法》等规则制度运营，不涉足相关违法事件，以降低互联网管理部门的管理成本，维护学术社交平台的健康发展。

2. 间接型利益相关者的利益诉求

1）科研成果应用者

（1）科研成果转化部门。科研成果主要以论文、著作、音视频、专利、技术等形式，通过国家知识产权局、地方的专利交易机构等科研成果转化部门进行科研成果转化。科研成果转化部门在虚拟学术社区中，可以根据目前市场的科研成果需求，持续跟踪虚拟学术社区平台科研人员合作中的新技术、新项目进展，为对接科研人员、科研机构，以及技术转化应用企业、市场的需求，达成专利运营、技术转移、成果转化的目的。

（2）出版商。科研成果中的论文、著作、音视频可通过书刊出版商或科研数据库服务商进行出版。书刊出版商在科研人员合作中，更希望其出版的书刊能在科研合作中被引用，或有更高水平的学术论文或著作能在其公司出版，以此来提高其期刊的引用频次、影响因子。

（3）图书情报机构。图书情报机构通过论文、著作和虚拟学术社区中有关科研成果的信息获取有用情报，为各类情报需求服务，满足本机构及其服务用户的利益需求。

2）科研成果受用者

（1）其他科研人员。其他科研人员主要是指虚拟学术社区中科研人员合作之外的科研人员，其没有参与科研合作，但通过查看科研人员合作过程所产生的阶段性成果（包括新知识、新思想等），对其自身科研工作产生直接或间接的影响或促进。

（2）科普工作者。科普工作者虽不直接从事科研工作，但其可以在虚拟学术社区中作为学习者、传播者，从科研人员的科研合作活动中学习科研知识，了解科研成果的产生过程，或者将科普工作中受众的提问转给科研人员，请专家代为解答。

（3）科普平台。科普平台作为科技与公众的传播桥梁，其很多内容也是来自虚拟学术社区的科研合作成果，从其直接的利益要求来说，期待虚拟学术社区的科研合作能有更多通俗易懂的科技知识或成果介绍，以便科普受众容易理解和接受。

3. 外部型利益相关者的利益诉求

1）社会公众

社会受众是虚拟学术社区中科研人员合作的外部利益者，主要因为社会公众并未参与科研人员合作，但能享受科研人员合作的成果在应用社会生活、服务、管理中的福利。

2)外部网络组织

(1)网络媒体组织。现今,互联网、社交媒体等平台高度发展,信息繁杂,网络媒体组织作为网络信息传播者,经常会关注虚拟学术社区的一些科技成果或科研动态,一方面丰富其平台(或科技栏目)的内容,传播科技知识;另一方面,可以吸引网民,增加网络流量。

(2)广告投放与宣传商家。虚拟学术社区平台为了持续运营,会接受一些广告投放与宣传。广告投放与宣传商家的主要利益依托于虚拟学术社区平台科研人员,他们为广告投放带来持续的点击量和收益。

(3)虚拟学术社区竞争对手。虚拟学术社区同样存在竞争,如在化学、生物、计算机等学科领域,国内外有不同的虚拟学术社区平台在运营,这些平台之间形成了一定竞争,吸引科研人员注册入驻是竞争的主要目的之一。虚拟学术社区竞争平台期待能提供更多异质性的优质服务,以汇聚更多的科研人员,增加平台活跃度,形成平台良性持续发展。

4. 关注并回应利益相关者的利益诉求

如上文所述,虚拟学术社区中科研人员合作的利益相关者主体较多,各主体的利益诉求有共同之处,也有各自不同之处,作为科研机构、平台方、监管方等管理方,要积极关注、倾听、分析各利益相关者的利益诉求,找出利益冲突的问题和原因,并积极回应直接、间接、外部利益相关者群体的利益诉求,在法律法规的框架下积极着力解决利益诉求矛盾问题。

对于各利益相关者主体而言,他们要明确个体利益与集体利益的关系,了解"大家"和"小家"相互依存的平衡关系。虽然个体利益会随着外部环境变化而变化,但集体利益是相对稳定的,个体利益应紧紧依附于集体利益。

9.2.3 利益相关者的权力-利益关系

Freeman[209]根据不同利益相关者在组织中的权力大小和利益诉求强弱情况,将相关利益者置于权力-利益的二维矩阵中,以便直观地分析利益相关者的权力和利益情况,便于企业组织针对不同象限的利益相关者进行不同的管理策略,保障企业组织的稳定与发展。

根据虚拟学术社区中科研人员合作利益相关者的权力大小和利益诉求强弱关系,将利益相关者置于权力-利益的二维矩阵中,如图9.1所示。

1. 高权力-高利益型利益相关者分析

1)利益分析

科研人员与科研机构是虚拟学术社区中科研人员合作的主要参与者,也是直接利益相关者。其中,科研人员全程参与科研合作,是科研合作的核心角色。

科研人员与其所属机构的利益主要体现在科研人员希望能在虚拟学术社区开展自由

```
         高 ┃
            ┃    B            │    A
            ┃   监管方         │   科研个人
            ┃                 │   科研机构
         权 ┃─────────────────┼─────────────────
         力 ┃    C            │    D
            ┃   社会公众       │   平台方
            ┃   外部网络组织   │   科研成果应用者
            ┃                 │   科研成果受用者
         低 ┃
            └─────────────────────────────────
               低         利益          高
```

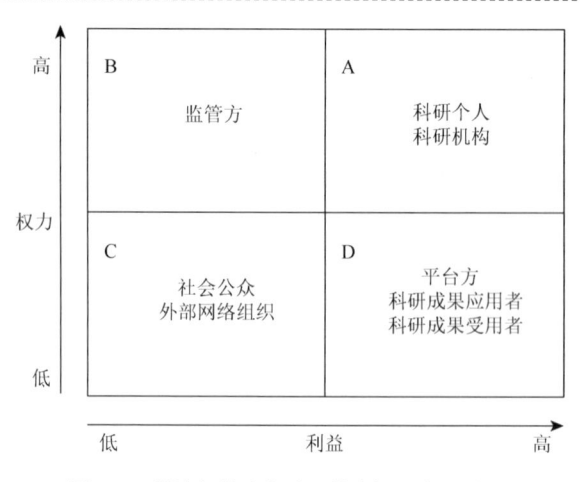

图 9.1　利益相关者权力-利益的二维矩阵图

的科研合作，不受所属机构限制，而其所属机构一般不会对科研人员的科研合作进行干预，并期待科研人员多产出科研成果。

科研人员与科研资助（管理）机构的关系主要体现在科研人员获得资助机构的立项、经费支持，通过虚拟学术社区中的科研合作可降低科研成本、节省科研经费，使有限经费用于更多的科研合作工作中。科研资助（管理）机构则希望科研人员能将科研经费的使用效益最大化，并遵守经费使用规范。

2）权力分析

在虚拟学术社区中，科研人员有选择合作时间、合作方式、合作人员、合作机构、合作深度等的权力，具有较强的合作选择自主权，而其所属机构、科研资助机构对科研人员则具有监督的权力，避免科研合作违规，出现违反职业道德，违背科研诚信、规范等学术不端等行为。

2. 高权力-低利益型利益相关者分析

在 B 区域的高权力-低利益型利益相关者，只有监管方，即互联网管理部门（如公安部、国家互联网信息办公室等），其对虚拟学术社区平台有最高的监管权，如通过《中华人民共和国网络安全法》《互联网信息服务管理办法》《公安机关互联网安全监督检查规定》《互联网论坛社区服务管理规定》《互联网跟帖评论服务管理规定》等法律法规，从法律制度层面对虚拟学术社区平台的网站管理责任、网信部门的监管责任、网民的用网责任等提出明确要求，使平台各方权责有章可循。

互联网管理部门对网络的监管的利益追求是通过建立完善的法律制度规章体系，促进互联网有序健康发展，形成互联网生态的良性循环，达到互联网监管的省力、高效目的。

3. 高利益-低权力型利益相关者分析

1）利益分析

D区域包含平台方、科研成果应用者、科研成果受用者。平台方与科研成果应用者的关系体现在科研人员通过平台开展科研合作形成的科研成果,最终转化为专利、技术、论文、专著等形式的知识产权产物,间接为科研成果应用者的技术转移、成果转化、版权转让、情报搜集提供了服务。科研成果应用者为使用科研成果,可以通过平台方联系科研人员。

平台方与科研成果受用者的关系与科研成果应用者类似,但科研成果受用者对科研成果的使用主要在信息收集、信息使用方面,大部分是通过网络信息学习、信息转载的方式使用科研人员在平台上形成的科研成果。

2）权力分析

受互联网监管和平台管理的要求,平台方一般通过网站服务声明、服务协议等形式,规定平台方和用户方的权力和责任。一方面,平台方有权通过相关互联网法律规范的要求,严格保护用户隐私,保护个人用户、机构用户的个人信息,承诺不会向任何无关第三方提供、出售、出租、分享或交易个人信息;另一方面,平台方必须认识到保护知识产权对科研人员和平台本身发展的重要性,其拥有保护平台和用户的知识产权不受侵犯的权力。如小木虫网站在服务协议中明确"承诺将保护知识产权作为小木虫运营的基本原则之一",平台相关信息未经授权同意,禁止复制、转载。同时,科研成果应用者、科研成果受用者作为科研成果的利用者,其在法律框架下也同样有查看、获取平台方的公开信息的权力。

4. 低权力-低利益型利益相关者分析

1）利益分析

在低权力-低利益型群体中,社会公众、外部网络组织与虚拟学术社区有着直接或间接的关系,社会受众不仅期待能从虚拟学术社区获取科学知识、科普信息,也有需求通过外部网络组织获取外部网络转载的虚拟学术社区学术信息。外部网络则是通过丰富的科普、学术内容,吸引社会公众关注,获取网络流量,提高网络影响力。社会受众与外部网络组织之间是一种互惠互利的关系。

2）权力分析

从权力上看,社会受众有从不同平台、渠道等外部网络组织自由获取符合自身信息需求的学术知识、科普信息的权力。外部网络有通过吸引社会受众、丰富网络信息获得网络流量,提升本平台的网络影响力的权力。两者权力互不干涉。

9.2.4 利益相关者的主体行为协同

虚拟学术社区中的科研人员合作是科研人员合作的一种形式,目前学界对科研人员合作的研究主要聚焦科研合作目标、科研合作驱动力、科研合作信息需求、科研合作伙伴关系等科研人员合作行为及科研合作主体的网络关系等方面,而针对科研合作相关主体的协同行为研究较少。对科研人员合作利益相关主体的协同行为进行深入分析,有利于厘清虚拟学术社区中科研人员合作利益相关主体协同驱动机制,同时有利于科研人员合作利益相关者的利益保障和利益平衡的维护。

1. 利益相关者协同驱动力

1)外部驱动力

将虚拟学术社区中科研人员合作看作一个系统,该系统的运行除了受到内部动力的驱动外,同时受到外部动力的驱动,如图 9.2 所示。

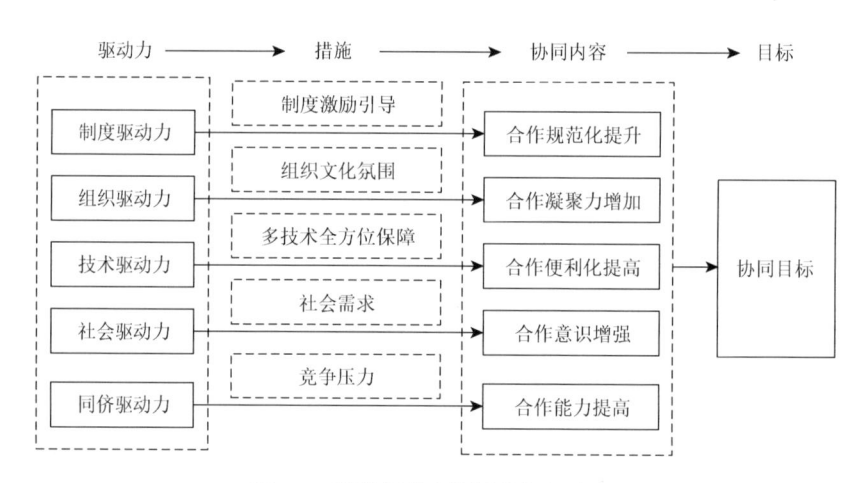

图 9.2 利益相关者协同外部驱动力

(1)制度驱动力。制度驱动力作用于虚拟学术社区中科研人员合作系统,主要是以外部的各级相关组织的制度激励、引导和约束形成的驱动力,比如国家科技成果奖励制度,科研人员的职称评聘制度,高校、科研机构、企业的评估考核制度,互联网监管制度等,都会对虚拟学术社区中科研人员合作系统内的合作规范化、工作有序化产生激励和引导。

(2)组织驱动力。组织驱动力来自虚拟学术社区中科研人员合作系统外部的各组织的影响力,如过往优秀科研合作团队、高校、科研机构的优秀组织文化和丰硕成果影响力,会促使虚拟学术社区中科研人员合作系统各利益相关者的凝聚力增强。

(3)技术驱动力。外部技术的引入,特别是即时沟通、在线讨论、虚拟实验室、数据共享、文档编辑协同等互联网技术的发展，为虚拟学术社区中科研人员合作系统带来了诸多便利和可靠保障，可以快速构建虚拟合作团队，如形成研究兴趣小组、学科领域小组、项目任务小组、交叉学科小组等，或是组建资源共享联盟、开展技术讨论话题等。此外，先进技术的应用还可以促进虚拟学术社区平台的功能完善，为科研成果利用者、社会公众、外部网络组织获取信息提供便捷服务。

（4）社会驱动力。社会公众所认识的传统的科研合作一般都是指线下的现场合作，有时间、地域的限制。在互联网技术的支持下，传统的科研合作可以搬到互联网上，突破了时间、空间、地域等的限制，效率提高、成本下降，这让社会公众理所当然地认为科研人员可以增加产出，同时提升效率，为社会做出更多共享，这就无形之中形成了一种社会需求的压力驱动。社会驱动力可促使各利益相关者协同意识增强。

（5）同侪驱动力。在现实科研合作活动中，学科领域相同或相似的科研人员、科研团队、科研机构、虚拟学术社区平台之间往往存在同级竞争，即会产生同侪效应。同侪之间在科研项目申报、科研成果产出的竞争，会传导至科研合作方面的竞争；而虚拟学术社区平台也同样面临着注册用户、服务、技术等方面的竞争。此类竞争所产生的竞争压力，也成为驱动利益相关者协同的动力之一，促使各利益相关者增强协同能力应对同侪竞争。

2）内部驱动力

由上文分析可知，在虚拟学术社区中科研人员合作系统内部，各利益相关者都有在本系统内部的利益诉求和利益权力，利益诉求的强烈程度和利益权力的大小决定了其在组织当中的利益位置。为实现各利益相关者权力-利益的平衡，各利益相关者需要进行权力-利益的博弈，通过博弈找到权力-利益的平衡点。

此外，虚拟学术社区中科研人员合作系统各利益相关者同样符合经济理性人假设，会驱使其在公共利益中追逐自己的个体利益最大化，因此在一定程度上会使科研人员合作系统内部产生内部矛盾，需要系统内部不断进行调整、适应。此时，各利益相关者需要对公共利益达成共识，并形成协同机制，使个体利益服从于公共利益。直接利益相关者中的科研人员、科研组织直接或间接受国家管理、资助，他们的个体或组织利益理应无条件服从于国家利益、公共利益；虚拟学术社区平台大部分是非营利性组织，以为学术研究提供免费动力、倡导学术的交流与共享为目的。间接利益相关者是科研成果的使用者，其在满足个体利益的同时也积极为公共利益进行反馈服务。外部利益相关者关注更多是个体利益，但作为外部需求，其个体利益会反向刺激直接利益相关者多为公共利益做出贡献。因此，在虚拟学术社区中，科研人员合作系统实现公共利益与个体利益的统一是其内部的内生驱动力驱使。

2. 利益相关者协同动力模型

协同理论认为协同作为竞争的对立面，可以保持集体性的状态和趋势的因素，使得系统保持和具有整体性、稳定性[210]。因此，一个完整的组织系统，通过有序的竞争与协同，往往可以形成"1＋1＞2"的增效效应。虚拟学术社区中科研人员合作系统，是一个相对闭环也是相对开放的生态系统，其自身内部系统在竞争与合作中相互协同、有序运行，同时也受到外部制度驱动力、组织驱动力、技术驱动力、社会驱动力、同侪驱动力等因素的影响驱动。据此，对利益相关者外部驱动力、内部驱动力进行整合，可形成利益相关者协同动力模型，如图9.3所示。

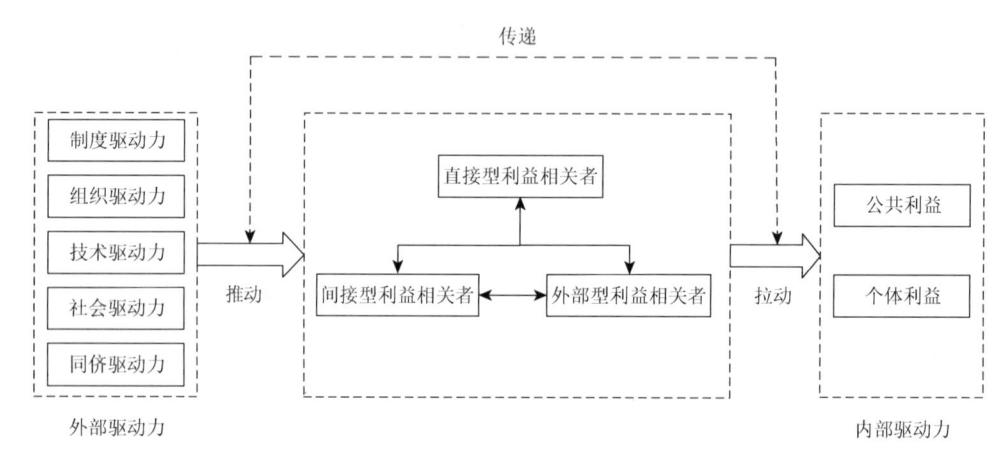

图 9.3 利益相关者协同动力模型

在利益相关者协同动力模型中，利益相关者在内外力驱动下的协同过程体现在以下几点。

（1）直接型利益相关者中的科研人员、科研机构是虚拟学术社区中科研人员合作系统的核心角色，其在外部制度驱动力、组织驱动力、同侪驱动力和内部公共利益的驱动下，积极产出科研成果，并在技术驱动力和平台方的支持下将科研成果分享给间接型利益相关者和外部型利益相关者，扩大科技成果的公共利益覆盖范围并不断增强科技成果的公共效益。

（2）间接型利益相关者中的科研成果转化部门、出版商，将科研成果转化为社会生产力或论文、著作等，为社会提供技术、生产力、智力支持，促进社会经济发展。同时图书情报机构、其他科研人员、科普工作者、科普平台可对科技成果中的信息再加工，形成情报信息、科技知识、学术知识，进行二次传播、扩散，增强社会公众的信息素养和科学素养。此外，间接型利益相关者同时还可以将科研成果应用的效果、问题反馈给直接型利益相关者，直接型利益相关者将根据意见、建议，加强科研合作，进一步改进、完善科研成果。

（3）外部型利益相关者中的社会公众、外部网络组织主要接收来自直接型利益相关者和间接型利益相关者的科研成果信息。他们在享受科技成果公共效益的同时，也不断与直接型利益相关者和间接型利益相关者进行沟通，反馈其意见、建议和需求，促进直接型利益相关者和间接型利益相关者的科研成果的生产和传播。

3. 促进利益相关者主体协同

利益相关者主体协同需要虚拟学术社区中科研人员合作系统内部驱动力和外部驱动力共同作用，一方面要加强外部制度、组织、技术、社会对科研人员合作的支持，即在制度上保障、组织上支持、技术上护航、社会上认可；另一方面，从利益相关者利益结合点，即公共利益与个体利益的统一出发，持续加强各方的利益均衡管理。总体上可从法律保障、组织保障、技术保障、经费保障、质量保障、制度保障、管理保障等维度，构建科研人员、社区平台、研究机构、政府部门、行业协会等"多位一体"的，以目标、利益、激励和监督为主要功能的虚拟学术社区利益相关者主体协同体系。

具体来说，应重点注意以下几个方面。

（1）关注并回应利益相关者的利益诉求。如上文所述，虚拟学术社区中科研人员合作的利益相关者主体较多，各主体的利益诉求有共同之处，也有各自不同之处，作为科研机构、平台方、监管方等管理方，要积极关注、倾听、分析各利益相关者的利益诉求，找出利益冲突的问题和原因，并积极回应直接、间接、外部利益相关者群体的利益诉求，在法律法规的框架下积极着力解决利益诉求矛盾问题。

各利益相关者主体要明确个体利益与集体利益的关系，了解"大家"和"小家"相互依存的平衡关系。虽然个体利益会随着外部环境变化而变化，但集体利益是相对稳定的，个体利益应紧紧依附于集体利益。

（2）均衡相关利益者的权力-利益关系。虚拟学术社区中科研人员合作是相关利益者权力-利益的博弈过程，其要达到权力-利益的平衡态，需要从管理上做好各利益相关者的权力-利益管理。

科研机构、平台方、监管方等管理部门，可以根据利益相关者的权力-利益二维矩阵四象限中高权力-高利益、高权力-低利益、高利益-低权力、低权力-低利益四种类型利益相关者群体的权力强弱和利益大小进行分类管理，制定相应管理制度，从制度保障、管理服务上，均衡相关利益者的权力-利益关系，促进虚拟学术社区中科研人员的深度合作，带来高效的产出。

9.3 虚拟学术社区中科研人员合作的激励机制

9.3.1 激励机制的重要性

在虚拟学术社区中，激励机制主要激发社区科研人员参与合作，借此提高科研合作的效率，调动科研人员积极性，实现虚拟学术社区的持续发展。徐小龙等[211]、刘蕤[212]、孔德超[213]分别从虚拟学术社区技术平台、服务体系、文化氛围和虚拟学术社区规则方面着手研究虚拟学术社区科研合作激励机制，王慧贤[214]也提出了人员贡献激励机制，通过给予虚拟激励报酬，提高用户贡献水平。王东[215]通过研究虚拟学术社区科研人员间的互惠动机，设计出科研合作契约等激励措施。可以说，只有提供丰富的激励方式，设计合理的激励机制，虚拟学术社区科研人员才会越来越多地进行科研合作。由此可见，如何增加科研人员参与度、提高科研人员合作程度等问题，现已成为虚拟学术社区关注的重心。

9.3.2 科研人员合作演化博弈模型的基本假设

与 3.2.2 小节中合作博弈模型的基本假设一样，本章同样将参与主体 A、参与主体 B 的策略集合设为{科研合作，科研不合作}，K_1 和 K_2 表示参与主体 A 和参与主体 B 各自拥有的知识总量，μ_1 和 μ_2 ($0 \leq \mu \leq 1$) 表示参与主体 A 和参与主体 B 互补性的知识比例，α_1 和 α_2 ($0 \leq \alpha \leq 1$) 表示参与主体 A 和参与主体 B 的知识吸收转化能力，β_1 和 β_2 表示参与主体 A 和参与主体 B 的协同系数，λ ($\lambda \geq 1$) 表示科研合作激励系数，ω_1 和 ω_2 表示参与主体 A 和参与主体 B 的风险系数。在博弈过程中，参与主体 A 选择"合作"的概率为 x ($0 \leq x \leq 1$)，参与主体 B 选择"合作"的概率为 y ($0 \leq y \leq 1$)，但当参与主体 A、参与主体 B 同时选择科研不合作的策略时，两个参与主体所获收益均为 0。

9.3.3 基于激励机制的科研人员合作演化博弈分析

1. 无激励机制下科研人员合作演化博弈

根据以上假设，可以制作无激励机制下虚拟学术社区参与主体 A 和参与主体 B 的科研合作博弈收益矩阵，如表 9.2 所示。

表 9.2　无激励机制下虚拟学术社区参与主体科研合作博弈收益矩阵

参与主体 A	参与主体 B	
	科研合作	科研不合作
科研合作	$(K_2\eta_2\mu_2\alpha_1 + K_2\eta_2\mu_2\beta_1 -\omega_1 K_1\eta_1, K_1\eta_1\mu_1\alpha_2 +K_1\eta_1\mu_2\beta_2 - \omega_2 K_2\eta_2)$	$(-\omega_1 K_1\eta_1, K_1\eta_1\mu_1\alpha_2)$
科研不合作	$(K_2\eta_2\mu_2\alpha_1, -\omega_2 K_2\eta_2)$	$(0,0)$

用 U_{11} 和 U_{21} 表示参与主体 A 和参与主体 B 选择科研"合作"时的期望收益，用 U_{12} 和 U_{22} 表示参与主体 A 和参与主体 B 选择科研"不合作"时的期望收益，用 $\bar{U}_1$ 和 $\bar{U}_2$ 表示参

与主体 A 和参与主体 B 的平均期望收益，可得

$$U_{11} = y(K_2\eta_2\mu_2\alpha_1 + K_2\eta_2\mu_2\beta_1 - \omega_1 K_1\eta_1) + (1-y)(-\omega_1 K_1\eta_1) \\ = yK_2\eta_2\mu_2\alpha_1 + yK_2\eta_2\mu_2\beta_1 - \omega_1 K_1\eta_1 \tag{9.1}$$

$$U_{12} = yK_2\eta_2\mu_2\alpha_1 \tag{9.2}$$

$$\bar{U}_1 = xU_{11} + (1-x)U_{12} = xyK_2\eta_2\mu_2\beta_1 - x\omega_1 K_1\eta_1 + yK_2\eta_2\mu_2\alpha_1 \tag{9.3}$$

$$U_{21} = x(K_1\eta_1\mu_1\alpha_2 + K_1\eta_1\mu_1\beta_2 - \omega_2 K_2\eta_2) + (1-x)(-\omega_2 K_2\eta_2) \\ = xK_1\eta_1\mu_1\alpha_2 + xK_1\eta_1\mu_1\beta_2 - \omega_2 K_2\eta_2 \tag{9.4}$$

$$U_{22} = xK_1\eta_1\mu_1\alpha_2 \tag{9.5}$$

$$\bar{U}_2 = yU_{21} + (1-y)U_{22} = xyK_1\eta_1\mu_1\beta_2 - y\omega_2 K_2\eta_2 + xK_1\eta_1\mu_1\alpha_2 \tag{9.6}$$

更进一步，可求得参与主体 A 和参与主体 B 的复制动态方程为

$$f(x) = \frac{dx}{dt} = x(U_{11} - \bar{U}_1) = x(1-x)(yK_2\eta_2\mu_2\beta_1 - \omega_1 K_1\eta_1) \tag{9.7}$$

$$f(y) = \frac{dy}{dt} = y(U_{21} - \bar{U}_2) = y(1-y)(xK_1\eta_1\mu_1\beta_2 - \omega_2 K_2\eta_2) \tag{9.8}$$

基于科研人员合作的复制动态方程，通过式（9.7）、式（9.8），求得演化博弈均衡点：

$$\begin{cases} f(x) = 0 \\ f(y) = 0 \end{cases} \tag{9.9}$$

通过解微分方程组，可得到虚拟学术社区科研人员科研合作的 5 个局部平衡点 (x, y) 分别为 $D_1(0,0)$，$D_2(1,0)$，$D_3(1,1)$，$D_4(0,1)$，$D_5\left(\dfrac{\omega_1 K_1\eta_1}{K_2\eta_2\mu_2\beta_1}, \dfrac{\omega_2 K_2\eta_2}{K_1\eta_1\mu_1\beta_2}\right)$。

根据 Friedman、Daniel 提出的方法，一个由微分方程系统描述的群体动态的演化稳定策略可以从该系统的雅可比矩阵的局部稳定分析得出。对式（9.7）、式（9.8）分别求偏导数，可得雅可比矩阵为

$$J = \begin{bmatrix} \dfrac{\partial f(x)}{\partial x} & \dfrac{\partial f(x)}{\partial y} \\ \dfrac{\partial f(y)}{\partial x} & \dfrac{\partial f(y)}{\partial y} \end{bmatrix} = \begin{bmatrix} (1-2x)(yK_2\eta_2\mu_2\beta_1 - \omega_1 K_1\eta_1) & x(1-x)K_2\eta_2\mu_2\beta_1 \\ y(1-y)K_1\eta_1\mu_1\beta_2 & (1-2y)(xK_1\eta_1\mu_1\beta_2 - \omega_2 K_2\eta_2) \end{bmatrix}$$

由此得到雅可比矩阵的行列式 $\det \boldsymbol{J}$ 和雅可比矩阵的迹 $\operatorname{tr}\boldsymbol{J}$ 分别为

$$\det \boldsymbol{J} = (1-2x)\bigl(yK_2\mu_2\eta_2\beta_1 - \omega_1 K_1\eta_1\bigr)(1-2y)(xK_1\mu_1\eta_1\beta_2 - \omega_2 K_2\eta_2) \\ - x(1-x)K_2\eta_2\mu_2\beta_1 y(1-y)K_1\mu_1\eta_1\beta_2$$

$$\operatorname{tr}\boldsymbol{J} = (1-2x)(yK_2\mu_2\eta_2\beta_1 - \omega_1 K_1\eta_1) + (1-2y)(xK_1\mu_1\eta_1\beta_2 - \omega_2 K_2\eta_2)$$

根据雅可比矩阵在均衡点上是否满足 $\det \boldsymbol{J} > 0$ 且迹的值 $\operatorname{tr}\boldsymbol{J} < 0$，判断均衡点的稳定性，通过将各点代入计算可得，$D_1$ 点（不合作，不合作）具有局部稳定性，则（不合作，

不合作）是演化稳定策略，而 D_2 点、D_3 点和 D_4 点不具有局部稳定性，由于 $\omega_1 K_1 \eta_1$ 表示参与主体 A 在科研合作时的知识损失，$K_2 \eta_2 \mu_2 \beta_1$ 表示参与主体 A 新增的协同知识，参与主体 A 和参与主体 B 都符合理性人假设，$\omega_1 K_1 \eta_1 > K_2 \eta_2 \mu_2 \beta_1$，即 $\dfrac{\omega_1 K_1 \eta_1}{K_2 \eta_2 \mu_2 \beta_1}$ 比值大于 1，将 D_5 点删除，如表 9.3 所示。

表 9.3　无激励机制下虚拟学术社区参与主体科研合作演化博弈平衡点

均衡点	det$J$	tr$J$	局部稳定性
D_1	+	−	稳定点
D_2	+	+	不稳定点
D_3	+	+	不稳定点
D_4	+	+	不稳定点

根据表 9.3 绘制此博弈的演化相位图，如图 9.4 所示。

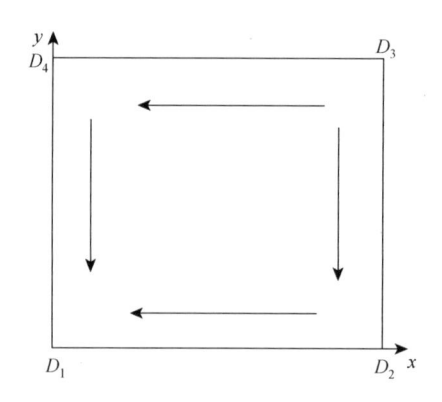

图 9.4　科研合作过程中参与主体 A、参与主体 B 的博弈演化相位图

系统的进化稳定均衡点只有 D_1 点（不合作，不合作），即"不合作"是博弈双方唯一的进化均衡，即在虚拟学术社区无激励机制下，参与主体 A、参与主体 B 往往采取科研人员不合作的策略。

2. 有激励机制下科研人员合作演化博弈

根据以上假设，可以制作有激励机制下的虚拟学术社区参与主体 A 和参与主体 B 的科研合作博弈收益矩阵，如表 9.4 所示。

表9.4 有激励机制下虚拟学术社区参与主体科研合作的博弈收益矩阵

参与主体A	参与主体B	
	科研合作	科研不合作
科研合作	$(K_2\eta_2\mu_2\alpha_1 + K_2\eta_2\mu_2\beta_1 + \lambda K_1\eta_1\mu_1 - \omega_1 K_1\eta_1, K_1\eta_1\mu_1\alpha_2 + K_1\eta_1\mu_1\beta_2 + \lambda K_2\eta_2\mu_2 - \omega_2 K_2\eta_2)$	$(\lambda K_1\eta_1\mu_1 - \omega_1 K_1\eta_1, K_1\eta_1\mu_1\alpha_2)$
科研不合作	$(K_2\eta_2\mu_2\alpha_1, \lambda K_2\eta_2\mu_2 - \omega_2 K_2\eta_2)$	$(0,0)$

用 E_{11} 和 E_{21} 表示参与主体A和参与主体B选择科研"合作"时的期望收益,用 E_{12} 和 E_{22} 表示参与主体A和参与主体B选择科研"不合作"时的期望收益,用 $\bar{E}_1$ 和 $\bar{E}_2$ 表示参与主体A和参与主体B的平均期望收益,可得

$$E_{11} = y(K_2\eta_2\mu_2\alpha_1 + K_2\eta_2\mu_2\beta_1 + \lambda K_1\eta_1\mu_1 - \omega_1 K_1\eta_1) + (1-y)(\lambda K_1\eta_1\mu_1 - \omega_1 K_1\eta_1) \\ = yK_2\eta_2\mu_2\alpha_1 + yK_2\eta_2\mu_2\beta_1 + \lambda K_1\eta_1\mu_1 - \omega_1 K_1\eta_1 \tag{9.10}$$

$$E_{12} = yK_2\eta_2\mu_2\alpha_1 \tag{9.11}$$

$$\bar{E}_1 = xE_{11} + (1-x)E_{12} \\ = yK_2\eta_2\mu_2\alpha_1 + xyK_2\eta_2\mu_2\beta_1 - x\omega_1 K_1\eta_1 + x\lambda K_1\eta_1\mu_1 \tag{9.12}$$

$$E_{21} = x(K_1\eta_1\mu_1\alpha_2 + K_1\eta_1\mu_1\beta_2 + \lambda K_2\eta_2\mu_2 - \omega_2 K_2\eta_2) + (1-x)(\lambda K_2\eta_2\mu_2 - \omega_2 K_2\eta_2) \\ = xK_1\eta_1\mu_1\alpha_2 + xK_1\eta_1\mu_1\beta_2 + \lambda K_2\eta_2\mu_2 - \omega_2 K_2\eta_2 \tag{9.13}$$

$$E_{22} = xK_1\eta_1\mu_1\alpha_2 \tag{9.14}$$

$$\bar{E}_2 = yE_{21} + (1-y)E_{22} \\ = xK_1\eta_1\mu_1\alpha_2 + xyK_1\eta_1\mu_1\beta_2 - y\omega_2 K_2\eta_2 + y\lambda K_2\eta_2\mu_2 \tag{9.15}$$

更进一步,可求得参与主体A和参与主体B的复制动态方程为

$$F(x) = \frac{dx}{dt} = x(E_{11} - \bar{E}_1) = x(1-x)(yK_2\eta_2\mu_2\beta_1 - \omega_1 K_1\eta_1 + \lambda K_1\eta_1\mu_1) \tag{9.16}$$

$$F(y) = \frac{dy}{dt} = y(E_{21} - \bar{E}_2) = y(1-y)(xK_1\eta_1\mu_1\beta_2 - \omega_2 K_2\eta_2 + \lambda K_2\eta_2\mu_2) \tag{9.17}$$

基于科研人员科研合作的复制动态方程,通过式(9.16)、式(9.17),求得演化博弈均衡点:

$$\begin{cases} F(x) = 0 \\ F(y) = 0 \end{cases} \tag{9.18}$$

通过解微分方程组,可得到虚拟学术社区科研人员科研合作的5个局部平衡点 (x,y) 分别为 $D_1(0,0)$,$D_2(1,0)$,$D_3(1,1)$,$D_4(0,1)$,$D_5\left(\dfrac{\omega_1 K_1\eta_1 - \lambda K_1\eta_1\mu_1}{K_2\eta_2\mu_2\beta_1}, \dfrac{\omega_2 K_2\eta_2 - \lambda K_2\eta_2\mu_2}{K_1\eta_1\mu_1\beta_2}\right)$。

再次对式(9.16)、式(9.17)分别求偏导数,可得雅可比矩阵为

$$J = \begin{bmatrix} \dfrac{\partial F(x)}{\partial x} & \dfrac{\partial F(x)}{\partial y} \\ \dfrac{\partial F(y)}{\partial x} & \dfrac{\partial F(y)}{\partial y} \end{bmatrix}$$

$$= \begin{bmatrix} (1-2x)(yK_2\eta_2\mu_2\beta_1 + \lambda K_1\eta_1\mu_1 - \omega_1 K_1\eta_1) & x(1-x)K_2\eta_2\mu_2\beta_1 \\ y(1-y)K_1\mu_1\beta_2 & (1-2y)(xK_1\eta_1\mu_1\beta_2 + \lambda K_2\eta_2\mu_2 - \omega_2 K_2\eta_2) \end{bmatrix}$$

由此得到雅可比矩阵的行列式 $\det J$ 和雅可比矩阵的迹 $\mathrm{tr}J$ 分别为

$$\det J = (1-2x)(yK_2\mu_2\eta_2\beta_1 + \lambda K_1\mu_1\eta_1 - \omega_1 K_1\eta_1)(1-2y)(xK_1\mu_1\eta_1\beta_2 + \lambda K_2\mu_2\eta_2 - \omega_2 K_2\eta_2) - x(1-x)K_2\mu_2\eta_2\beta_1 y(1-y)K_1\mu_1\eta_1\beta_2$$

$$\mathrm{tr}J = (1-2x)(yK_2\mu_2\eta_2\beta_1 + \lambda K_1\mu_1\eta_1 - \omega_1 K_1\eta_1) + (1-2y)(xK_1\mu_1\eta_1\beta_2 + \lambda K_2\mu_2\eta_2 - \omega_2 K_2\eta_2)$$

根据雅可比矩阵在均衡点上是否满足 $\det J > 0$ 且迹的值 $\mathrm{tr}J < 0$，判断均衡点的稳定性，通过将各点代入计算可得，D_1 点（不合作，不合作）和 D_3 点（合作，合作）具有局部稳定性，则（不合作，不合作）和（合作，合作）是演化稳定策略，而 D_2 点和 D_4 点不具有局部稳定性，D_5 点是鞍点，如表 9.5 所示。

表 9.5　有激励机制下虚拟学术社区参与主体科研合作演化博弈平衡点

均衡点	$\det J$	$\mathrm{tr}J$	局部稳性
D_1	+	−	稳定点
D_2	+	+	不稳定点
D_3	+	−	稳定点
D_4	+	+	不稳定点
D_5	−	0	鞍点

根据表 9.5 绘制此博弈的演化相位图，如图 9.5 所示。

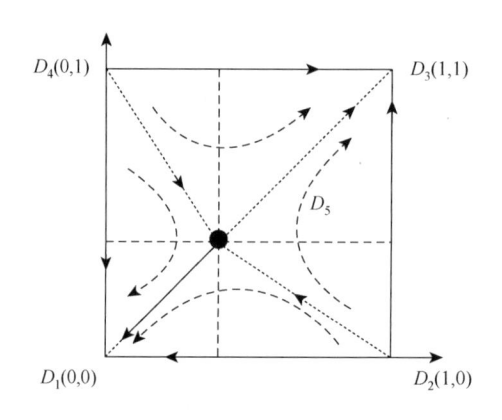

图 9.5　虚拟学术社区科研人员科研合作过程中参与主体 A、参与主体 B 的博弈演化相位图

如图 9.5 所示，在有激励机制下，虚拟学术社区参与主体科研合作博弈收敛于 $D_1(0,0)$ 或 $D_3(1,1)$ 点，即最终均衡解为（科研合作，科研合作）或（科研不合作，科研不合作）。设图 $D_1D_4D_5D_2$ 面积为 S_1，表示博弈收敛于 $D_1(0,0)$ 点的概率，图 $D_3D_4D_5D_2$ 的面积为 S_2，表示博弈收敛于 $D_3(1,1)$ 点的概率。因此，促进虚拟学术社区科研人员科研合作的策略在于如何提高 S_2 的值，降低 S_1 的值。S_1、S_2 可分别表示为

$$S_1 = \frac{1}{2}\left(\frac{\omega_2 K_2 \eta_2 - \lambda K_2 \eta_2 \mu_2}{K_1 \eta_1 \mu_1 \beta_2} + \frac{\omega_1 K_1 \eta_1 - \lambda K_1 \eta_1 \mu_1}{K_2 \eta_2 \mu_2 \beta_1}\right)$$

$$S_2 = 1 - S_1$$

由此可得以下结论。

（1）当其他变量不变，参与主体 A 和参与主体 B 所拥有的知识总量 K_1 和 K_2 等比例变化，则 S_1 和 S_2 的值不变。当参与主体双方的知识总量相差较大时，S_2 的值会趋近于 0，此博弈则收敛于 $D_1(0,0)$ 点；当参与主体双方的知识总量相差较小时，得到 S_1 和 S_2 的值相近，S_1 的值趋近于 0，博弈则收敛于 $D_3(1,1)$ 点。

（2）若科研合作程度 η_1 和 η_2 越大，则 S_1 的值越小，S_2 的值越大，博弈收敛于 $D_3(1,1)$ 点的概率越大。

（3）若参与主体的知识互补比例 μ_1 和 μ_2 越大，则 S_1 的值越小，S_2 的值越大，博弈越有可能收敛于 $D_3(1,1)$ 点。

（4）若科研合作激励系数 λ 变大，则 S_1 的值变小，S_2 的值变大，博弈越有可能收敛于 $D_3(1,1)$ 点。

（5）若科研合作风险系数 ω_1 和 ω_2 越大，则 S_1 的值越大，S_2 的值越小，博弈越有可能收敛于 $D_1(0,0)$ 点。

（6）若科研人员合作的协同系数 β_1 和 β_2 越大，则 S_1 的值越小，S_2 的值越大，博弈越有可能收敛于 $D_3(1,1)$ 点。

9.3.4　基于激励机制的虚拟学术社区中科研人员合作促进策略

通过对虚拟学术社区科研人员在无激励机制和有激励机制下科研合作进行分析，研究表明博弈双方在无激励机制的环境下，演化稳定策略是（不合作，不合作），在有激励机制的环境下，演化稳定策略是（合作，合作）或（不合作，不合作）。由此得出完善虚拟学术社区激励机制有助于科研人员合作行为的产生，结合虚拟学术社区中科研人员合作的影响因素，提出以下促进科研人员合作的策略。

（1）当虚拟学术社区中科研人员合作时，应尽量避免选择能力和知识相差较大的科研合作伙伴，这样既能避免高水平科研人员在合作时缺乏知识共享动力，又能避免能力较低的科研人员采取的"搭便车"的现象。在科研合作中，科研人员既是知识的提供方，也是

知识的接受方，科研人员间是否形成合作关系与合作伙伴知识总量密切相关。一般情况下，虚拟学术社区对科研人员拥有的知识总量不了解，且虚拟学术社区科研人员对其他科研人员的知识水平同样不了解，即虚拟学术社区信息不对称，这样就会带来逆向选择与道德风险，使科研合作陷入一种困境。因此，虚拟学术社区应该建立信息甄别机制，在注册用户时加强个人信息完善管理，并在一定程度上公开科研合作者的信息，从而促进科研合作人员间的相互了解，消除信息不对称的障碍，科研人员在合作伙伴选择时，选择与自己能力相当的合作者，促使科研合作顺利形成。

（2）虚拟学术社区应该树立清晰的整体目标，明确科研合作知识共享的目的，培育科研合作的意识，为科研工作者提供和谐积极的虚拟学术社区环境，在虚拟学术社区中营造积极向上的学术氛围，提高科研人员的自我效能感。在科研合作过程中，科研人员只有在自身利益最大化前提下才愿意真正地合作，在对科研合作活动目标进行制度设计时，既要对所有参与者进行约束，保证参与合作的积极性，又要使科研合作者在实现个人利益的基础上达到整体目标。此时，即使科研合作选择以实现个人利益最大化为目标，也能实现科研合作整体制的预期目标。

（3）虚拟学术社区应该制定公平、合理的激励体系，从科研人员的实际需求出发建立完善的激励体系，进行激励环境的塑造，如形成竞争机制、合作绩效机制等，也要准确把握所共享知识的"质"和"量"。虚拟学术社区可以制定选择性激励机制，也就是根据科研人员在合作过程中作用大小，有区别地给予科研人员一定的奖励或惩罚，目的是激励科研人员积极参与到科研合作中去。选择性激励分为正面激励和负面激励两种，激励必须具有选择性，这样才能通过激励方式，促进虚拟学术社区科研人员间的科研合作。

（4）协同系数有明显的主观性特点，它受环境、条件、氛围、科研人员的个性、知识背景等多方面影响，虚拟学术社区应该建设有利于科研合作的虚拟学术社区环境、选择正确的信息搜集方法等技术手段、营造和谐氛围等方式促进虚拟学术社区科研人员合作。此外，虚拟学术社区应该完善其功能，比如：①虚拟学术社区平台设置知识主题的互动游戏、头脑风暴等内容版块，鼓励科研人员通过自我检验、人际互动等方式获得协同知识。②建立虚拟学术社区小组。科研人员能够通过申请等方式，创建有关的主题空间，从而形成兴趣圈，完成协同创作等活动，这样既能增强虚拟学术社区成员的归属感与自我效能感，又能促进科研人员间的合作。

（5）虚拟学术社区科研人员间和谐关系的建立有助于创造良好的社区文化氛围，在虚拟学术社区内制定相互平等、相互尊重的规章制度，形成合作互助的价值观，鼓励科研人员开阔思维、积极协作。同样，虚拟学术社区平台还应该增进科研人员间的信任感和归属感，增强与虚拟学术社区平台的联系，促进科研合作的顺利进行。信任被一直视为重要影响因素，建设"互动信任机制""合作信任机制""权威信任机制"同样势在必行。

9.4 虚拟学术社区中科研人员合作的声誉机制

9.4.1 声誉机制的重要性

基于虚拟学术社区形成的虚拟科研团体是动态的,虚拟学术社区中科研人员合作稳定的主要问题是约束科研参与者的机会主义行为,对机会主义的监督需要虚拟学术社区团体的监督和激励,这与科研参与者间信息的识别与传递密不可分。适当的激励与惩罚能够激发虚拟学术社区科研人员参与合作,提高科研合作的效率,调动科研参与者积极性,而声誉正是这种识别与传递的外在表现。亚当·斯密早在 200 多年前就提出声誉是一种保证契约能得以顺利实施的重要机制,而对于声誉问题的研究主要以博弈论和信息不对称理论作为基础。在博弈论中,声誉指博弈局中人通过选择传递对自身有利的信息而产生的稳定信念,能够通过影响理性经济人的长期收益改变其短期的行为[216]。Kreps 等[217]在重复博弈理论中加入不完全信息理论,创建了 KMRW 声誉模型,证明了参与人之间的不完全信息因素会导致博弈中合作行为的出现,该模型指出经济主体的声誉是影响其长期收益的关键因素,信息不对称的局中人会通过声誉评判修正对其他局中人的行为认知,并基于这种认知调整自身行为策略。目前,已有学者将 KMRW 声誉模型应用于不同主体间合作关系的研究。Petersen 等[218]基于 KMRW 声誉模型分析了合作声誉对科研人员学术生源的影响。Xie 等[219]利用修正的 KMRW 声誉模型分析了以激励手段来实现延迟容忍网络内的合作。李海霞等[220]应用信息不完全重复博弈的 KMRW 声誉模型原理,得出两投标者在有限次重复博弈中的竞争合作规律。安敏等[221]应用 KMRW 声誉模型分析了不对称信息下重复博弈中跨区域水污染治理合作联盟的稳定性。杨璐璐[222]运用 KMRW 声誉模型的重复博弈分析了信息不对称条件下供应链各主体间的合作策略选择和稳定性。

在虚拟学术社区中,科研参与者作为利益相关者,都期望使自身利益达到最大化,即双方存在着博弈关系,而虚拟学术社区中科研人员合作较为符合有限理性下的声誉模型博弈特征。因此,本节将 KMRW 声誉模型引入到虚拟学术社区中科研人员合作中,对虚拟科研团体的科研合作进行分析和判断,利用不对称信息下重复博弈的方法,进一步促进虚拟学术社区科研参与者利益的共赢与合作。

9.4.2 科研人员合作 KMRW 声誉模型的基本假设

在虚拟学术社区中,科研合作参与个体为了满足自身的科研需求,降低知识获取成本,会选择加入科研合作团体进行科研合作。实际上科研合作团体对参与合作的个体是不了解的,只能根据阶段性的科研成果判断个体是否参与合作,从而确定自身的行为。在虚拟学术社区科研人员合作博弈中,通过设立声誉机制有助于科研合作参与者之间产生和维持信任关系,建立长期合作的信心,进而促进科研人员长期合作的形成。为方便接下来的研究,做以下假设。

假设1:模型的假定是在一个不完全信息充分竞争的环境下,以虚拟学术社区中科研人员合作团体和科研合作个体作为研究对象,构建科研合作声誉模型,参与博弈的双方均是理性的。假设科研合作个体有两个策略选择空间——参与科研合作或不参与科研合作。

假设2:在虚拟学术社区科研人员合作中,科研合作团体对科研合作个体不了解,但可以通过其采取相关行为进行判断。科研合作个体作为信息优势的一方,通常会采取"理性"行为获取额外收益,但科研合作团体一旦发现参与团体的个体只追求自身利益而非团体利益,不仅会面临被逐出科研合作团体的风险,而且自身在虚拟学术社区的内声誉也会遭受损失。假设在第一阶段博弈中科研合作团体允许个体的加入,后面阶段的策略将根据其上一阶段的策略而调整,一旦科研参与个体选择不参与科研合作,科研团体便将其逐出合作团体,不再与其合作。

假设3:虚拟学术社区中科研参与个体从合作中获得的效用与现阶段及以后阶段的行为有关,构造虚拟学术社区中科研合作参与个体的单阶段效用函数为

$$U(F) = -\frac{1}{2}F^2 + a(F - F^e) \qquad (9.19)$$

其中:U 为虚拟学术社区中科研人员合作个体的声誉效用;$a=0$ 代表科研合作个体为参与合作成员,$a=1$ 代表科研合作个体为不参与合作成员;$F(0 \leqslant F \leqslant 1)$ 表示科研合作个体对科研合作团体的科研成果的占有率,占有率越高,参与合作的科研个体从科研团体获得的知识合作成果也就越大。$F=0$ 表示科研合作个体诚实守约进行合作,使科研团体利益最大化;$F=1$ 表示科研合作个体采用机会主义行为,使自身利益最大化。$F^e(0 \leqslant F^e \leqslant 1)$ 表示科研合作团体预计科研合作个体对团队科研合作成果的占有率,简称为科研合作团体预期占有率。一般情况下,科研合作个体对科研合作团体知识成果的占有会由于科研团体的"防御"措施而递减,但要保证 $U \geqslant 0$,这表示科研合作个体保持良好的声誉比一开始采用不参与合作带来了更大的收益。

当 $a=0$ 时,科研合作个体选择参与合作,此时 $U(F) = -\frac{1}{2}F^2$,只有 $F=0$,才能获得最大效用值0,即被科研团体信任。因此科研合作个体一定会维护声誉,积极参与科研合作;当 $a=1$ 时,科研合作个体选择不参与合作,此时 $U(F) = -\frac{1}{2}F^2 + F - F^e$。理性的科研参与个体知道科研合作团体的"监管"是长期重复的,为获得最大效用值选择维持科研合作,会在最后一次博弈前一直维持合作关系,即不侵占科研合作产生的收益。F^e 值会随着博弈次数的增加而减少,直到使 $U(F) = -\frac{1}{2}F^2 + F - F^e \geqslant 0$,这表示保持良好的声誉

更能获取科研合作团体的信任。因此,效用函数能够反映不同类型科研合作参与个体的行为选择,与假设保持了逻辑上的一致性。

9.4.3 基于KMRW声誉模型的虚拟学术社区中科研人员合作博弈分析

1. 单阶段博弈分析

在单阶段博弈中,对 $U(F) = -\frac{1}{2}F^2 + a(F - F^e)$ 求导,可得科研合作参与个体对科研成果最优占有率为 $\frac{\partial U}{\partial F} = -F + a$,令 $\frac{\partial U}{\partial F} = 0$,可得 $F = a$。对于不参与合作的科研人员 ($a = 1$) 而言,最优选择是 $F = a = 1$,$U = \frac{1}{2} - F^e$(因为 $-F^e \leqslant \frac{1}{2} - F^e$),即单阶段博弈中,理性的科研合作参与个体没必要保持良好的声誉,而是会采取机会主义行为,损害科研团体利益,达到自身利益最大化。

2. 多阶段重复博弈分析

假设虚拟学术社区中科研合作博弈重复 T 阶段,科研合作团队认为科研合作个体参与合作 ($a = 0$) 的先验概率为 P,科研合作个体不参与合作 ($a = 1$) 的先验概率为 $1 - P$。设 X_T 表示 T 阶段科研合作个体选择保持合作的概率;Y_T 表示 T 阶段科研合作团体认为科研合作个体保持合作的概率。在均衡条件下,满足 $X_T = Y_T$。

如果科研合作团体在 T 阶段没有发现科研参与个体不合作,那么根据贝叶斯法则,科研合作团队在 $T+1$ 阶段认为科研个体参与合作的后验概率为

$$P_{T+1}(a=0|F_T=0) = \frac{P(a=0, F_T=0)}{P(F_T=0)}$$
$$= \frac{P(F_T=0|a=0)P(a=0)}{P(F_T=0|a=0)P(a=0) + P(F_T=0|a=1)P(a=1)} = \frac{P_T*1}{P_T*1 + (1-P_T)*Y_T}$$

(9.20)

因为 $P_T*1 + (1-P_T)*Y_T \leqslant 1$,即 $P_{T+1}(a=0|F_T=0) \geqslant P_T$。如果科研合作参与个体在 T 阶段选择继续参与科研团体的合作,不损害科研团体的利益,那么科研合作团体在 $T+1$ 阶段认为科研参与个体选择科研合作的概率增大。反之,如果在 T 阶段观察到科研参与个体的不合作行为,则

$$P_{T+1}(a=0|F_T=1) = \frac{P(a=0, F_T=1)}{P(F_T=1)}$$
$$= \frac{P(F_T=1|a=0)P(a=0)}{P(F_T=1|a=0)P(a=0) + P(F_T=1|a=1)P(a=1)} = \frac{P_T*0}{P_T*1 + (1-P_T)*Y_T}$$

(9.21)

如果科研合作团体发现科研参与个体有机会主义行为,认为该个体将会选择不参与科研合作,该个体下一阶段的声誉即为0,科研合作团体便会终止与其合作,将其逐出合作团体。因此,为了维持长期的合作关系,理性的科研合作个体不到最后一阶段一般不会选择不参与合作的行为来破坏自己前期的声誉。

3. 引入贴现因子的虚拟学术社区科研合作分析

在虚拟学术社区中,理性科研合作参与者在合作过程中存在损害团体利益的动机,没有考虑现在的行为对自身长期利益的影响,即在科研合作的最后阶段,科研合作参与个体会选择机会主义行为,获得"额外"收益,退出团体合作。因此,在 T 阶段,也就是在虚拟学术社区科研参与者的最后一次博弈中,科研合作个体没有必要保持自身的声誉。对于科研合作参与个体而言,最优选择是做出最利己的行为,即 $F_T = a = 1$,科研合作团体预期科研合作个体的占有率为 $F_T^e = 0*P_T + 1*(1-P_T) = 1-P_T$,此时科研合作个体的效用水平为

$$U = -\frac{1}{2}F_T^2 + a(F_T - F_T^e) = -\frac{1}{2} + (1 - F_T^e) = -\frac{1}{2} + [1-(1-P_T)] = P_T - \frac{1}{2}$$

由 $\frac{\partial U}{\partial F_T} = 1 > 0$ 可知,科研合作参与个体最后阶段的声誉和效用呈正相关,这是对此前良好合作行为的激励。但是,若科研合作参与个体在此前表现出机会主义行为,则 $P_T = 0$,科研参与个体在最后阶段就无法获得任何知识产出效益,其效用水平变为 $-\frac{1}{2}$。

假设科研合作参与个体在 $T-1$ 阶段前都保持良好声誉参与科研合作,此时 $P_{T-1} > 0$,科研合作团队对科研合作参与个体进行判断,其中 $(1-Y_{T-1})F_{T-1}^e = F_{T-1}*(1-P_{T-1})*(1-Y_{T-1}) = 1*(1-P_{T-1})*(1-Y_{T-1})$ 为科研合作团体认为科研合作参与个体不合作的概率,$(1-P_{T-1})$ 为科研合作参与个体实际不合作的概率。令 δ 为科研合作个体的贴现因子,即科研合作个体认为声誉对其自身长期利益的影响,仅考虑纯策略选择,即 $X_{T-1} = 0,1$(因为当两种策略带来的期望效用一致时,科研合作个体才会选择其他混合策略)。因此,对科研参与个体在 $T-1$ 阶段的两种策略效用对比如下。

(1)若科研参与个体在 $T-1$ 阶段选择不参与科研合作,即 $X_{T-1} = 0$,$F_{T-1} = 1$,则 $P_T = 0$。在 $T-1$ 阶段,科研合作团体知道科研参与个体风险概率上升后,在 T 阶段会判定其会选择不参与科研合作的行为,此时,科研合作参与个体的总效用为

$$U_{T-1}(1) + \delta U_T(1) = -\frac{1}{2} + (1-F_T^e) + \delta\left(P_T - \frac{1}{2}\right) = \frac{1}{2} - F_T^e - \frac{1}{2}\delta \qquad (9.22)$$

(2)若科研参与个体在 $T-1$ 阶段选择参与合作,即 $X_{T-1} = 1$,$F_{T-1} = 0$,此时,科研参与个体的总效用为

$$U_{T-1}(0) + \delta U_T(1) = -F_T^e + \delta\left(P_T - \frac{1}{2}\right) \qquad (9.23)$$

当且仅当以下条件成立时,科研合作参与个体选择科研合作的效用不低于不合作的效用:

$$-F_{T-1}^e + \delta\left(P_T - \frac{1}{2}\right) \geq \frac{1}{2} - F_{T-1}^e - \frac{1}{2}\delta$$

解得 $P_T \geq \dfrac{1}{2\delta}$。

因为在均衡条件下，科研合作个体选择保持合作的概率 X_{T-1} 与科研合作团体认为科研合作个体保持合作的概率 Y_{T-1} 相同。如果 $X_{T-1} = 1$ 构成不参与的科研合作个体的战略均衡，$Y_{T-1} = 1$，因此 $P_T = P_{T-1}$，可得 $P_{T-1} \geq \dfrac{1}{2\delta}$。

可知，如果科研合作团体在 $T-1$ 阶段认为科研合作个体选择合作的概率不小于 $\dfrac{1}{2\delta}$，科研合作个体就会参与合作，即科研合作个体的声誉越好，维持声誉的积极性也就越高。这体现出声誉对科研合作参与者的激励效应。科研合作个体在反复博弈中发现维持良好声誉对自身具有正效用，因此会积极参与科研合作以提升自身的声誉。当 $P_{T-1} = \dfrac{1}{2\delta}$ 时，表明无论科研合作个体参与合作与否，效用函数是相同的，即任意 $X_{T-1} \in [0,1]$ 都是最优的。但因为均衡要求 $X_{T-1} = Y_{T-1}$，将 $P_T = \dfrac{1}{2\delta}$ 带入贝叶斯公式可得

$$P_T(a=0|F_{T-1}=0) = \frac{P(a=0, F_{T-1}=0)}{P(F_{T-1}=0)} = \frac{P_T*1}{P_T*1 + (1-P_T)*Y_T} = \frac{1}{2\delta}$$

进一步可得 $Y_{T-1} = X_{T-1} = \dfrac{(2\delta-1)P_{T-1}}{1-P_{T-1}}$，即 $Y_T = \dfrac{(2\delta-1)P_T}{1-P_T}$。这说明当 $\delta > \dfrac{1}{2}$ 时，且 P_T 一定时，Y_T 的值随着 δ 的增大而增大，如图 9.6 所示，即科研合作团体越信任科研合作个体，科研合作参与个体也会变得更加守信，积极参与虚拟学术社区科研合作团体合作，维护自

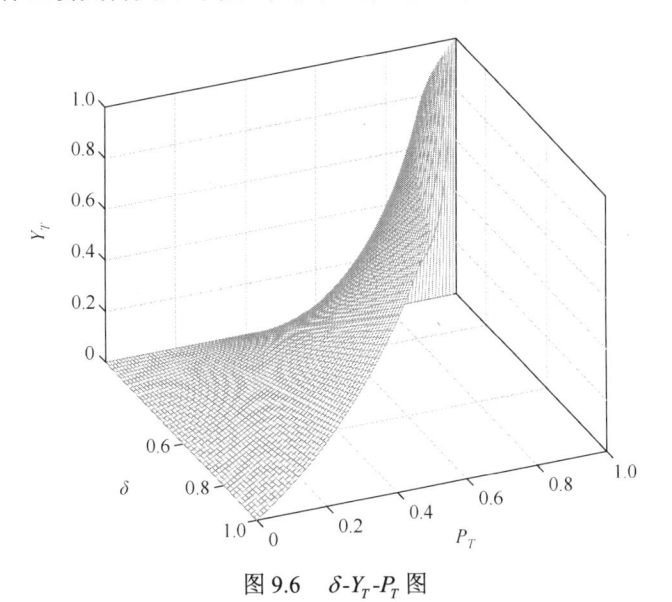

图 9.6 δ-Y_T-P_T 图

己的信誉。只要 $P_{T-1} > \dfrac{1}{2\delta}$，科研合作参与个体都会在 $T-1$ 阶段选择参与合作，在 T 阶段选择退出科研团体的合作。

推广到虚拟学术社区科研合作多阶段博弈，δ^T 为时间段 T 内的贴现值，当 $P_{T-1} > \dfrac{1}{2\delta}$ 时，科研合作参与个体在 $T-1$ 阶段选择合作，在之前的所有阶段都选择参与科研合作，只在最后阶段不参与科研合作，为该多阶段博弈的纳什均衡。当 $P_0 > \dfrac{1}{2\delta}$ 时，此时科研合作参与个体的效用可表示为

$$\sum_{T=0}^{T} \delta^T F_T = 0 + 0 + \cdots + \delta^T \left(P_0 - \dfrac{1}{2}\right) = \delta^T \left(P_0 - \dfrac{1}{2}\right) \qquad (9.24)$$

相对应地，当 $P_0 < \dfrac{1}{2\delta}$ 时，在科研合作的所有阶段，科研合作参与个体都选择不参与科研合作，科研合作团体对其参与合作与否的后验概率 $v_0^e = 1 - P_0$，$v_1^e = v_2^e = \cdots = v_T^e = 1$，此时科研合作参与个体的总效用为

$$\sum_{T=0}^{T} \delta^T F_T = \left(P_0 - \dfrac{1}{2}\right) + \delta\left(P_0 - \dfrac{1}{2}\right) + \delta^2\left(P_0 - \dfrac{1}{2}\right) + \cdots + \delta^T\left(P_0 - \dfrac{1}{2}\right) = \left(P_0 - \dfrac{1}{2}\right)\dfrac{1 - \delta^T}{1 - \delta} \qquad (9.25)$$

可得 $\delta^T \left(P_0 - \dfrac{1}{2}\right) > \left(P_0 - \dfrac{1}{2}\right)\dfrac{1-\delta^T}{1-\delta}$，即科研合作参与个体在虚拟学术社区科研合作多阶段博弈过程中，$P_0 > \dfrac{1}{2\delta}$ 时的效用水平大于 $P_0 < \dfrac{1}{2\delta}$ 时的效用水平。

通过以上分析可知，在虚拟学术社区科研合作中，只要 $P_0 > \dfrac{1}{2\delta}$，理性的科研合作参与个体从一开始就会积极参与科研合作，维护自身信誉直到合作的最后一个阶段才会采取机会主义行为，获得额外知识成果效益，退出科研合作团体，这时其获得的效用大于一开始就采取不参与合作的效用。因此，科研合作团体的稳定性一部分取决于贴现因子，即使科研合作参与个体内心是不想参与科研合作的，也会"伪装"成科研合作参与者，使博弈达到帕累托最优。

4. 引入激励因子的虚拟学术社区科研合作分析

虚拟学术社区科研合作与每一个科研参与个体的积极参与密不可分，因此在虚拟学术社区科研合作中，每一个科研参与个体既是科研合作的拥护者，又是发起者，虚拟学术社区科研合作团体在合作过程中也会投入一定的物质或精神"奖励"，激发虚拟学术社区科研参与个体参与合作，提高科研合作的效率，调动科研人员积极性，实现虚拟学术社区的持续发展。假设 $\lambda(\lambda > 0)$ 为科研团体对科研参与个体的激励，称为激励因子，则科研合作参与个体的效用函数变为

$$U(F) = \lambda - \dfrac{1}{2}F^2 + a(F - F^e) \qquad (9.26)$$

虚拟学术社区科研合作最后两个阶段的效用函数如下所示：

$$U_{T-1}(1) + U_T(1) = \lambda - \frac{1}{2} + (1 - F_{T-1}^e) + \left(P_T - \frac{1}{2}\right) = \lambda - F_{T-1}^e \quad (9.27)$$

$$U_{T-1}(0) + U_T(1) = \lambda - F_{T-1}^e + \left(\lambda + P_T - \frac{1}{2}\right) = 2\lambda - F_{T-1}^e + P_T - \frac{1}{2} \quad (9.28)$$

式（9.27）表示重复博弈中，在最后两阶段均选择不参与科研合作的科研参与个体声誉总效用，因其在 $T-1$ 阶段的不合作行为在 T 阶段被科研合作团体发现不能获得奖励，而式（9.28）则表示其他阶段行为与效用相同，重复博弈中科研参与个体在 $T-1$ 阶段参与科研合作，只在最后一次合作中不参与的声誉总效用。若式（9.28）>式（9.27），得到 $P_T > \frac{1}{2} - \lambda$，将其带入贝叶斯公式（9.20）可得 $Y_T = \frac{\left(\frac{1+2\lambda}{1-2\lambda}\right)P_T}{1-P_T}$。因为 $\frac{1+2\lambda}{1-2\lambda} > 0$，可得 $0 < \lambda < \frac{1}{2}$，此时当 P_T 一定时，Y_T 的值随着 λ 的增大而增大，如图9.7所示，即科研合作团体就会认为科研合作参与个体会参与合作，个体也会投入更多参与合作的信号并保持声誉。

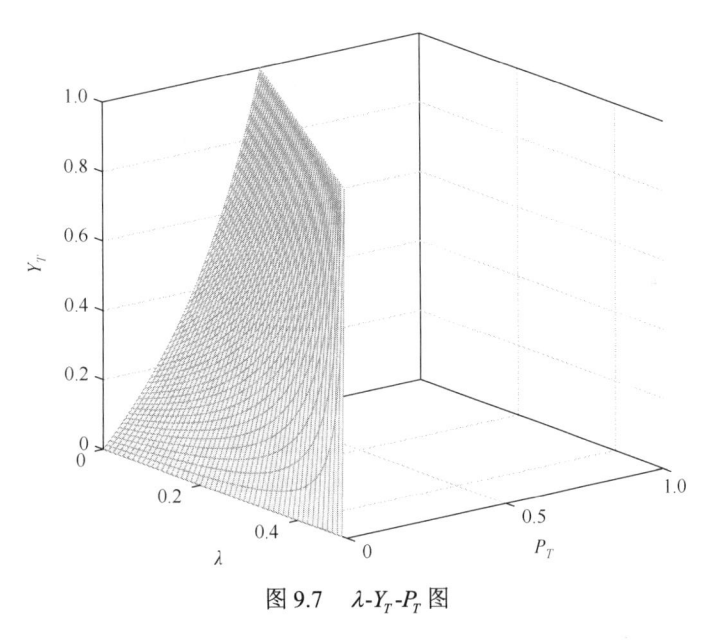

图 9.7 λ-Y_T-P_T 图

通过以上分析可知，在虚拟学术社区科研合作过程中，科研合作参与个体的声誉与激励因子呈正相关，即激励力度越大，声誉越有价值，科研参与个体在科研合作的 $T-1$ 阶段参与合作的可能性就越大，直到最后阶段才一次性用掉之前所建立的声誉获得最大的效用，达到纳什均衡。

5. 引入惩罚因子的虚拟学术社区科研合作分析

在虚拟学术社区科研合作过程中，对科研合作参与个体机会主义行为进行有效的声誉惩罚能够抑制个体不参与科研合作的发生，维持社区科研合作团体的稳定性。在虚拟学术社区科研合作中，惩罚主要指科研合作团体通过阶段性的科研合作成果判断该阶段科研合作参与个体是否参与科研合作，实际上是对科研参与个体不合作行为的反应。假设惩罚因子为 $\beta(0<\beta\leqslant 1)$，个体不合作都会受到科研团体的惩罚，因此科研个体不参与科研合作对效用的影响为 $1-\beta$。

在虚拟学术社区科研合作的重复博弈中，科研参与个体在 $T-1$ 阶段的不合作行为在 T 阶段被科研合作团体发现并进行惩罚；而科研参与个体在 $T-1$ 阶段参与科研合作，只在最后一次合作中不参与声誉总效用，因此科研团体不对其进行惩罚，惩罚因子不起作用。最后两阶段都选择不参与科研合作的科研参与个体声誉总效用如下所示：

$$U_{T-1}(1)+(1-\beta)U_T(1)=-\frac{1}{2}+\left(1-F_{T-1}^e\right)+(1-\beta)\left(P_T-\frac{1}{2}\right)=\frac{1}{2}-F_{T-1}^e-\frac{1}{2}(1-\beta) \quad (9.29)$$

$$U_{T-1}(0)+U_T(1)=-F_{T-1}^e+\left(P_T-\frac{1}{2}\right) \quad (9.30)$$

若式（9.29）＞式（9.30），得到 $P_T>\frac{1}{2}+\frac{\beta}{2}$，将其带入贝叶斯公式（9.20）可得 $Y_T=\dfrac{\left(\dfrac{1-\beta}{1+\beta}\right)P_T}{1-P_T}$。因为 $\dfrac{1-\beta}{1+\beta}>0$，可得 $0<\beta<1$，此时当 P_T 一定时，Y_T 的值随着 β 的增大而增大，如图 9.8 所示，即科研合作团体就会认为科研合作参与个体会参与合作，个体也会投入更多参与合作的信号并保持声誉。

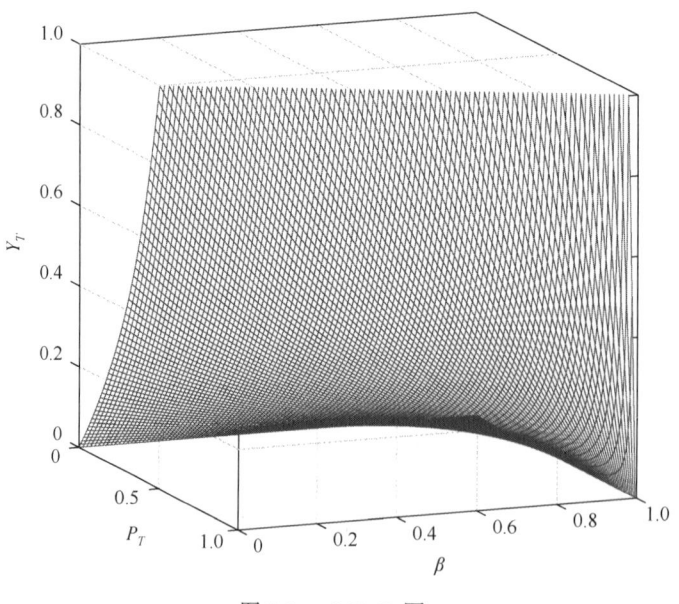

图 9.8 β-Y_T-P_T 图

推至多阶段虚拟学术社区合作中，引入惩罚因子，得出当科研团体对科研参与个体进行一定的惩罚，惩罚与科研参与个体的声誉也是呈正相关，即惩罚越大，科研参与个体即使不愿意参与科研合作也会选择在 $T-1$ 阶段"伪装"成科研合作者，在 T 阶段退出合作，达到科研参与个体总的效用水平最大。

6. 虚拟学术社区科研合作博弈结果分析

虚拟学术社区科研合作博弈过程中，声誉会对科研参与个体的行为产生明显影响。通过对博弈结果的分析发现，科研合作前一阶段的声誉会直接影响后一阶段的效用。在不同的博弈阶段中，科研参与个体会通过对局势的分析采取不同的措施。

若科研参与个体为积极参与合作者，则不会对科研团体造成威胁；若科研参与个体存在机会主义行为，则有以下结论。

（1）在虚拟学术社区科研合作单阶段博弈中，科研参与个体会果断选择最大限度侵占团体利益。

（2）在第 $T-1$ 阶段重复博弈中，科研参与个体的行为由耐心程度决定，一般情况下会"伪装"成合作参与者，通过参与合作获取科研合作团体信任以维持自身声誉，达到纳什均衡。在第 T 阶段博弈中，科研参与个体没有必要"伪装"成合作参与者，最优选择为最大限度地侵占团体收益。

（3）在虚拟学术社区多阶段科研合作博弈中，根据 KMRW 定理，当科研参与个体（存在机会主义的成员）参与合作的概率 P_0 大于一定值，在此分析中分别为 $P_0 > \frac{1}{2\delta}$、$P_0 > \frac{1}{2} - \lambda$、$P_0 > \frac{1}{2} + \frac{\beta}{2}$ 时，不参与科研合作的个体会选择在开始阶段加入科研合作团体并"伪装"成参与者以维护自己的声誉直到最后阶段，使得自身效用水平大于在开始或者过程中不参与合作的效用水平，并且贴现因子、激励因子和惩罚因子的存在使得科研参与个体的声誉价值增加，更会在虚拟学术社区科研合作中"伪装"成积极参与的个体，促使形成的科研合作团体达到均衡状态。

9.4.4 基于声誉机制的虚拟学术社区中科研人员合作促进策略

本节用不完全信息下重复博弈下的 KMRW 声誉模型解释了虚拟学术社区中科研人员合作机制中关键的影响因素，提出如下建议以保持虚拟学术社区中科研人员合作的稳定性。

（1）虚拟学术社区中科研人员合作团体内部应建立和完善准入、选择和退出机制。在虚拟学术社区科研人员合作中，科研合作团体作为主导方，对科研参与个体的准入和选择是合作建立的基础，同时科研参与个体对团体的信任也是其参与合作的目的，可见建立科研合作的准入和选择机制对合作的稳定性尤为重要。同时也要建立对"搭便车"参与者的即时退出制度，除了对存在潜在风险的个体加强监管之外，对严重阻碍科研合作者淘汰剔除。

（2）虚拟学术社区中科研人员合作团体内部应建立信息沟通与交流机制，提高信息甄别和搜寻能力，同时提高贴现因子，以增强虚拟学术社区中科研人员合作团体稳定性。这个贴现因子是虚拟学术社区科研参与个体的声誉租金，反映了科研参与个体间的交流与信息传递等对声誉影响的作用，只要贴现因子足够高，不参与科研合作的个体也会选择合作行为从而将其信誉保持到最后阶段以获得更大的合作远期收益。声誉信息在各个科研参与者间的交换、传播，形成声誉信息流、声誉信息系统及声誉信息网络，有效限制了信息扭曲，增加了科研合作的透明度，进而降低了科研合作成本。在这种情况下，虚拟学术社区科研参与者之间会更加信任，相互拥有耐心，都期望获得合作的远期更大的收益，声誉机制得以构建，使形成的科研合作团体的稳定性得以维持。

（3）虚拟学术社区中科研人员合作形成后，应将引导科研参与个体建立声誉机制，以促进科研人员长期合作。长期合作是双方产生和维持信任的关键因素，保持合作联盟的长期性，建立长期合作的信心可使科研团体稳定性增强。由声誉模型分析可知，如果只进行一次博弈，因其不会考虑未来的收益，那么科研参与个体不合作是其最优决策，科研合作团体和参与个体间就无法建立良好的声誉机制，所以在虚拟学术社区中科研人员合作问题上，应该避免科研参与个体的短视行为，鼓励其建立长期合作是科研合作团体稳定的重要因素之一。

（4）制定与声誉因素相关的激励和惩罚措施。从多阶段重复博弈结果可以看出声誉对科研参与个体具有明显的激励效应，科研参与者声誉越好，维持声誉的积极性也会越高。虚拟学术社区应该制定公平、合理的激励体系，从科研参与者的实际需求出发建立完善的激励体系，进行激励环境的塑造。同时一定的惩罚措施能够对科研合作参与者的行为产生约束，当虚拟学术社区科研团体对欺骗行为进行惩罚时，信誉机制就发挥作用了。在重复博弈中，惩罚机制使不参与合作的科研个体也有了保持合作信誉的积极性。虚拟学术社区可以制定选择性激励机制，根据科研参与者在合作过程中作用大小，有区别地给予科研人员一定的奖励或惩罚，目的是激励科研参与者积极参与到合作中去，恰当的惩罚能够对科研合作者的行为产生约束，而且完善的惩罚机制可促进科研合作团体的稳定性。

（5）虚拟学术社区应该创造合作、诚信、共赢、和谐的良好虚拟学术社区文化氛围。好的虚拟学术社区文化氛围是科研参与者对未来合作充满信心的基础，也是激励参与者长期积累自身声誉的基础。虚拟学术社区内部应制定相互平等、相互尊重的规章制度，从而形成合作互助的价值观，鼓励科研参与者开阔思维、积极合作。同样，虚拟学术社区还应该增进科研参与者间的信任感和归属感，促进科研合作的顺利进行。

9.5 虚拟学术社区中科研人员合作的需求满足机制

9.5.1 需求满足机制的重要性

若虚拟学术社区运营存在问题,用户所关心的问题不能及时得到解决就会影响知识交流的效果,虚拟学术社区本身也可能因用户的抵制逐渐失去生存空间。可见,虚拟学术社区运营水平是关系其持续健康发展的重要问题,直接影响用户使用虚拟学术社区的意愿和黏度,是影响用户共享知识意愿和知识交流效率的重要因素。目前,已有学者对如何提升虚拟学术社区的运营能力或水平进行了相应的研究。Antonacci 等[223]发现,一个结构更集中、管理团队更具活力且交流语言简单的虚拟学术社区能够吸引更多用户加入,整个用户群体的黏度相对其他平台更高。Kaur 等[224]的研究表明,虚拟学术社区运营主体结合用户兴趣,培养虚拟学术社区认同,有利于增强用户群体的忠诚度。Nistor 等[225]指出,很多在线项目的开展依托于用户对在线学术社区知识共享技术的接受度,虚拟学术社区在知识共享技术方面的建设是推动项目合作的必要条件。Chen 等[226]建议,虚拟学术社区的管理者应制定有效的策略,通过提高成员的满意度来鼓励持续的知识共享行为。王战平等[227]认为,虚拟学术社区应当加强秩序管理,提高内容质量,改善用户交流的功能。孙思阳[228]指出,虚拟学术社区需要注重用户体验,加大知识交流技术的研发,创造良好的平台氛围,提升平台服务水平,促进知识的广泛传播。Sorensen 等[229]从信任的视角出发,认为虚拟学术社区应充分考虑科研人员的知识共享需求,营造友善的学术氛围,争取赢得信任。谭春辉等[168]提出,虚拟学术社区管理者应严格把关信息本身和信息来源质量,加强社区管理。

从已有研究来看,国内外学者均肯定了虚拟学术社区的运营是其发展进程中的重要因素,但目前的研究多为根据一定理论基础展开调查,进而从相应角度提出虚拟学术社区运营优化建议,还存在一个不足:现有研究从用户角度切入的较少,对用户需求考虑相对不足,使得有些优化建议并未帮助解决用户实际所关心的问题,针对另一些问题的建议可能在实际使用中并未出现显著影响。

虚拟学术社区运营优化的最终目的在于更好地满足用户的需求,提高用户的满意度;用户需求是虚拟学术社区运营优化的驱动力,也是一个虚拟学术社区能否持续健康发展的决定性因素。这就要求虚拟学术社区必须识别出影响用户满意度的关键需求,区分用户的需求属性,进而实施针对性的运营优化策略。

9.5.2 Kano 模型挖掘虚拟学术社区科研人员需求的可行性

Kano 模型是东京理工大学的著名质量管理专家狩野纪昭(Noriaki Kano)以双因素理

论（two factors theory）为基础提出的模型[214]。Kano 模型在探讨需求要素特点方面有很强的适用性，其揭示的需求类型随时间变化而转化的规律也为具体问题的解决提供了良好的参考，可以对不同类型的用户需求属性进行准确识别，找出影响用户满意度的关键因素，为识别虚拟学术社区用户的关键需求提供了解决方案。

Kano 模型将用户的需求分为基本型需求（M）、兴奋型需求（A）、期望型需求（O）、无差别型需求（I）和反向型需求（R）五种。基本型需求是指用户满意度不会随服务水平的提高而显著提高，但会因服务水平的下降而明显下降的需求；兴奋型需求是指用户满意度会随着服务水平的上升显著提高，但不会因服务不足而明显下降的需求；期望型需求是指用户满意度会因服务水平变化而明显变化的需求；无差别型需求是指无论服务水平如何变化，用户满意度不会随之变化的需求；反向型需求是指随着服务水平上升，用户满意度逐渐下降的需求。Kano 模型不同需求类型的特点如图 9.9 所示。其中横轴代表行业提供的服务水平，纵轴代表用户满意程度，原点 O 为行业均值。模型揭示了不同需求的特点和需求转换的生命周期，即随着时间推移无差别型需求会转变为兴奋型需求，进而转换为期望型需求、基本型需求[215]。

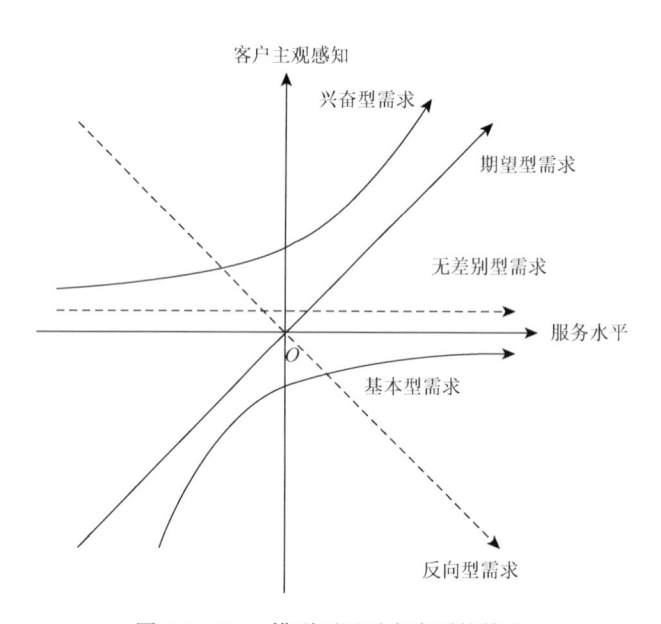

图 9.9 Kano 模型不同需求类型的特点

基于用户评论获取用户需求能够弥补传统 Kano 模型中需求确定的主观影响，提高评价结果可靠性，同时也在一定程度上解决了现有研究对用户需求关注不足的问题。鉴于此，本节拟通过编写 Python 爬虫程序爬取"小木虫"论坛事务版块中用户评论，提取用户评论中关键词归纳出用户实际关注的运营问题，基于 Kano 模型，针对虚拟学术社区用户需求开展分析，明确用户的需求类型，以满足用户需求为出发点，对虚拟学术社区运营优化提出相应的策略建议，有利于提升虚拟学术社区的运营水平，提高虚拟学术社区的用户黏度，发挥虚拟学术社区在知识交流、科研合作等方面的作用。

9.5.3 基于 Kano 模型的虚拟学术社区中科研人员需求的界定

1. 数据收集与预处理

通过编写 Python 程序，运用 request 模块和 xpath 解析技术，采集"小木虫"论坛中论坛事务版块中用户评论作为数据来源。虚拟学术社区管理制度建设是一个动态的过程，较早提出的虚拟学术社区运营问题可能已经解决，故选择爬取各版块中发帖时间为 2016 年至 2020 年的帖子作为样本。与主题无关的祝福、散金币、广告推广等数据剔除后，共获得 23 875 条文本数据。调用 jieba 模块对文本进行分词，参考整合哈工大停用词、四川大学机器智能实验室停用词、百度停用词等停用词表所包含的停用词，同时加入网络信息中常见的诸如"赞""回复""楼主"等作为补充，形成本节停用词表用来剔除没有研究意义的语词，完成数据预处理。

2. 关键词提取与要素归纳

提取预处理后文本中关键词进行编码作为要素归纳的依据。本小节参考文献[139, 230]拟定编码类别，使用 k-means 算法计算文本数据的簇内误差平方和系数与轮廓系数，确定最优聚类数帮助确定归纳问题数量。

3. 问卷设计

根据关键词编码得出的需求要素设计 Kano 问卷，具体设计问卷时，明确需求项目后利用李克特 5 级量表设计问卷，每一项需求以正向（此方面做得很好）和反向（此方面做得不好）两种方式提问，可以选择"我很喜欢""理应如此""无所谓""勉强接受""我很不喜欢"中的一个答案，以区分用户所表现出的不同需求。问卷以网络形式发放，问卷设计完成后通过问卷平台 Credamo 见数发布，发放时间为 2021 年 1 月 19 日至 2021 年 2 月 17 日，共发放 366 份问卷，剔除回答不规范的无效问卷后共获得 296 份有效问卷，有效率为 80.87%。

4. 数据分析

通过问卷收集用户对不同问题的态度，通过分析回答结果，构建 Kano 评价结果示例表（表 9.6），根据比例最大的属性类别判定需求类型，即基本型需求（M）、兴奋型需求（A）、期望型需求（O）、无差别型需求（I）和反向型需求（R）；表中的"Q"为可疑结果，即用户对正反两个问题均回答"非常满意"或"非常不满意"。

表 9.6　Kano 评价结果示例表

用户需求		不具备该要素				
		我很喜欢	理应如此	无所谓	勉强接受	我很不喜欢
具备该要素	我很喜欢	Q	A	A	A	O
	理应如此	R	I	I	I	M
	无所谓	R	I	I	I	M
	勉强接受	R	I	I	I	M
	我很不喜欢	R	R	R	R	Q

传统 Kano 模型归类方法都按频次最大值来确定需求类型，但如果最大值与次大值非常接近时，那么达不到精细化分类的要求，无法确定主导的需求，以及不能对该需求要素提高用户满意程度和消除用户不满意程度进行分析的局限，本小节在传统 Kano 模型归类分析基础上引入混合类分析和 Better-Worse 系数分析帮助完善研究结论。

混合类别通过计算量化指标 TS 和 CS 确定，TS 为总强度，表示指标是否能带来满意；CS 为类别强度，表示被调查者在多大程度上认为某指标属于某类别。当 TS≥60%且 CS≤6%时，则该指标归为混合类别。TS 和 CS 的计算见式（9.31）和式（9.32）。混合类需求用 H 表示，H 后用括弧表示占比最大的两个属性类别，即混合类的构成。

$$TS = \frac{M+O+A}{总回答数} \tag{9.31}$$

$$CS = \frac{(\max\{M、O、A、I\} - \text{second}\max\{M、O、A、I\})}{总回答数} \tag{9.32}$$

Berger 等[231]提出了 Better-Worse 系数分析方法，通过 Better 和 Worse 两项系数反映需求要素影响用户满意度的程度。Better 系数表示需求要素对用户满意度的影响，一般为正值，其值越大表明该需求要素越能显著提升用户满意度；Worse 系数表示需求要素对用户不满意度的影响，一般为负值，负值越大表示用户满意度降低的效果越显著。具体计算见式（9.33）和式（9.34）。Better-Worse 系数实现了 Kano 模型的定量分析，并据此以 Worse 系数绝对值为横轴、Better 系数值为纵轴制定四象限图，提供更为客观和直观的用户需求分类且明确不同类型需求的优先顺序。

$$\text{Better} = \frac{O+A}{M+O+A+I} \tag{9.33}$$

$$\text{Worse} = \frac{O+M}{M+O+A+I} \tag{9.34}$$

9.5.4　基于需求满足机制的虚拟学术社区中科研人员合作促进策略

通过上述虚拟学术社区需求满意机制的实证分析发现，发帖规范属于虚拟学术社区用户的基本型需求；基础设施维护、管理团队建设、专业特色和学术资源建设属于虚拟学术社区用户的期望型需求；平台推广属于虚拟学术社区用户的兴奋型需求；奖励制度、社会对接和用户互动属于虚拟学术社区用户的无差别型需求。

1. 基本型需求分析及其促进策略

基本型需求是虚拟学术社区运营过程中服务水平提高不会明显改善用户满意度，但服务水平下降会使用户满意度明显下降的需求。为维持用户较高水平的满意度，同时不引起用户对虚拟学术社区的不满，运营主体需要不断丰富此方面内容，充分满足用户所需。

合理设计发帖规范。发帖是虚拟学术社区中交流的主要形式，需要遵从一定的规范。一方面用户在交流过程中会灵活变化自己帖子的表述以及发表方式等，因此即使规范更适应用户语言习惯，用户也不会因此更加满意；相反，若发帖规范使用户难以充分表达自己时，用户的不满情绪就会随之产生。另一方面讨论秩序的严谨有序是交流的基本前提，若发言混乱无序且干扰正常交流，则用户会产生很强的负面情绪。为提高用户满意度，增强用户黏度，在维护正常交流的前提下可考虑丰富表达方式，保证正常交流秩序的同时让用户能更方便地表达观点，进而促进用户更多使用。

2. 兴奋型需求分析及其促进策略

兴奋型需求是虚拟学术社区运营过程中服务水平提高会明显提高用户满意度，但服务水平下降不会显著影响用户不满程度的需求。满足兴奋型需求能够极大提升用户群体满意度，进而提高用户黏度，为此运营主体需要保持在此方面建设的投入。

创新平台推广工作。平台推广主要指虚拟学术社区通过微信公众号、微博、知乎等社交媒体展开宣传的行为，也包括开发手机 APP 吸引移动端用户加入等方式，是虚拟学术社区吸引新用户加入的重要途径。当前虚拟学术社区的推广工作使新用户了解虚拟学术社区平台的途径增加，同时老用户也可以通过 APP、公众平台等方式使用平台，这无疑极大增强了用户群体的满意度，而用户持续使用一段时间后会逐渐形成一定的使用习惯，即使平台推广工作效果下降也不会对广大用户的满意度产生负面影响。虚拟学术社区可以考虑适度运用诸如转发推文有奖、开展新手入门活动等激励手段鼓励用户参与推广活动，使老用户群体充分发挥自身作用，增强老用户获得感的同时能够引导新用户适应虚拟学术社区环境。

3. 期望型需求分析及其促进策略

期望型需求是指在虚拟学术社区运营过程中，服务水平变化对用户的满意度有显著影响的属性，这部分应当是虚拟学术社区运营优化过程中需要予以重点关注和优先关注的部分。

加强虚拟学术社区基础设施维护。虚拟学术社区的基础设施主要是平台所依托的服务器，提供服务的 UI 界面等软硬件设施。服务器稳定、响应迅速，UI 界面友好，用户能够方便快捷地获取所需内容，其对该虚拟学术社区的满意度能够得到较大提升，对该平台的黏度增强，成为虚拟学术社区持续发展的重要基础。因此运营主体应当在平台软硬件维护工作方面倾注更多精力，增设常驻的专业过硬的技术团队定期维护服务器，完善 UI 界面功能，及时解决用户使用过程中出现的各类技术问题，保持虚拟学术社区平台稳定运行。

丰富共享学术资源。学术资源是用户在虚拟学术社区中交流共享的适应本专业需要的书籍、软件等知识载体的总称。有丰富的共享资源的虚拟学术社区无疑会吸引更多用户加入，用户在此获得自身所需的同时也会分享自己的一部分学术资源，虚拟学术社区与用户形成良性互动循环，推动虚拟学术社区知识交流活动的开展。对此虚拟学术社区运营主体一方面应创新发展共享方式，使用户能够方便共享适应不同学科的不同形式的学术资源；另一方面组织技术创新，让用户可以上传各类不同形式的学术资源，为促进多学科交流奠定基础条件。

打造高效的管理团队。管理团队是指虚拟学术社区中的各级管理员，他们是沟通用户与虚拟学术社区平台的桥梁纽带，在规范虚拟学术社区环境工作中扮演重要角色。倾听用户需求、分工明确、响应迅速的管理团队能极大地提高用户群体的满意度，虚拟学术社区与用户间关系将更加友好，虚拟学术社区环境也将更加规范。对此，虚拟学术社区需要构建分工明确、协作有序的分级管理机制；吸引活跃用户成为管理员，倾听用户声音；合理运用多种激励手段，如虚拟货币、社区身份积分、社区荣誉等激励管理员，更好地履行自身职责；公示管理员职责，引导用户监督管理团队工作，对不合规的管理员予以一定惩罚。

打造自身专业特色。专业特色是指虚拟学术社区有自身非常吸引用户使用的特点，用户群体逐渐形成对这一虚拟学术社区的品牌归属感。虚拟学术社区设立的本意是推动多学科交流，但对运营主体而言运作一个大而广的平台超出了承受预期，因此虚拟学术社区需要具有自身鲜明的特色。由于用户本着各取所需的心态参与虚拟学术社区的交流，不论社区是否具有自身特点对其交流知识的需求而言影响不大。基于此，虚拟学术社区可参考一些企业的做法，打造属于本平台的品牌，形成品牌效应，推动用户需求向兴奋型需求、期望型需求转变，形成一批坚实的用户群体。

4. 无差别型需求分析及其促进策略

无差别型需求是在虚拟学术社区运营过程中服务水平的变化不会引起用户满意度显著变化的因素。虽然在一定时间内此类需求不会影响用户使用虚拟学术社区的体验，但根据 Kano 需求生命周期来看，无差别型需求会逐渐变化为兴奋型需求、期望型需求和基本型需求，虚拟学术社区优化自身运营方式时不应忽略此类因素。

完善奖励制度。奖励制度是虚拟学术社区中用户获取虚拟奖励方式的统称。目前用户使用虚拟学术社区中奖励意愿较差,对此虚拟学术社区可考虑将奖励与上述期望型需求挂钩,如使用奖励换取一些公开电子书等学术资源,丰富奖励使用方式,提高用户获取和使用奖励的意愿,让虚拟奖励发挥其作为激励手段的作用。

发展与社会对接的方式。社会对接是指虚拟学术社区中开展的一些诸如专利转让、交流技术合同的活动,是虚拟学术社区中学术成果市场转化的一种途径。由于科研工作者是虚拟学术社区的主要用户,对这方面需求并不强烈。但得到业界人士的支持有利于虚拟学术社区发展,运营主体可考虑适当拓宽对接方式,提高需要转换自身成果的科研人员的获得感的同时也收获一部分业界用户。

创新互动活动形式。虚拟学术社区中的互动主要是指具有广泛用户参与的一些娱乐性的活动。作为知识交流平台,娱乐活动在虚拟学术社区中并非主要活动,用户群体对此也多是持观望态度。虚拟学术社区应适时开展娱乐性互动活动来增强用户归属感、认同感,构建良好的社区氛围。由于线上交流固有的缺陷,如何组织有意义的互动活动,吸引广大用户参与是虚拟学术社区运营主体要思考的问题。

5. 反向型需求分析及其促进策略

反向型需求表示用户的满意度与服务水平反方向变动的需求,即供应商或服务方加强此方面建设会降低用户体验,因此,相关研究中一般不讨论此类需求,此外,本研究中并未发现反向型需求。

9.6 本章小结

在虚拟学术社区科研人员合作中,由于利益相关者的个体与集体利益平衡机制、科研人员合作激励机制、科研人员合作需求满意机制的缺乏,导致在科研人员合作实践中存在各方利益冲突,科研人员合作积极性、主动性、创造性不足,科研合作满意度不高等问题。为应对以上问题,本章基于利益相关者理论、激励机制、声誉机制、需求满意机制等理论,选取部分虚拟学术社区科研人员和社区平台作为样本,进行案例实证分析,并根据实证结果,针对虚拟学术社区中科研人员合作保障和虚拟学术社区运营优化提出了基于利益相关者理论的利益相关者利益平衡建议,基于激励机制的科研人员合作促进策略,基于KMRW声誉模型的虚拟学术社区科研人员合作机制构建和基于Kano模型的虚拟学术社区需求满足机制构建等理论和实践方面的指导意见或建议。

参 考 文 献

[1] 李兴保. 虚拟学习社区的运行机制与评价[M]. 北京：北京理工大学出版社，2017.

[2] RHEINGOLD. The virtual community：home steading on the electronic frontier [EB/OL].（1993-1-1）[2021-12-14]. http://rheingold.com/vc/book/intro.

[3] 全国新书目.《中华人民共和国国民经济和社会发展第十三个五年规划纲要辅导》读本[J]. 全国新书目，2016（5）：10.

[4] 中国互联网络信息中心. 第47次互联网络发展状况统计报告[EB/OL].（2021-02-03）[2021-05-14]. http://www.gov.cn/xinwen/2021-02/03/content_5584518.htm.

[5] 何传启. 中国现代化报告2018：产业结构现代化研究[M]. 北京：北京大学出版社. 2018.

[6] 刘新梅，李玉曼. 科研合作制度的进化解释：一个基于利益分配的合作进化模型[J]. 数量经济技术经济研究，2001（4）：96-99.

[7] 王冬梅. 科学基金制度对基础科研合作的引导效用分析[J]. 科研管理，2010，31（4）：98-101.

[8] 王燕华. 大学科研合作制度及其效应研究[D]. 武汉：华中科技大学，2011.

[9] MATZAT U. The social embeddedness of academic online groups in offline networks as a norm generating structure：an empirical test of the coleman model on norm emergence[J]. Computational & mathematical organization theory，2004，10（3）：205-226.

[10] HERCHEUI M D. A literature review of virtual communities：the relevance of understanding the influence of institutions on online collectives[J]. Information，communication & society，2011，14（1）：1-23.

[11] EBI K L. Mechanisms，policies，and tools to promote health equity and effective governance of the health risks of climate change[J]. Journal of public health policy，2020，41（1）：11-13.

[12] 谭春辉，童林. 我国个人信息保护政策工具的分析与优化建议[J]. 图书情报工作，2017，61（23）：67-75.

[13] 陈恒钧，黄婉玲. 台湾半导体产业政策之研究：政策工具研究途径[J]. 中国行政，2004，75：1-28.

[14] HOWLETT M，RAMESH M.Studying public：policy cycles and policy subsystems[M]. Oxford: Oxford University Press，2009.

[15] 顾建光，吴明华. 公共政策工具论视角述论[J]. 科学学研究. 2007（1）：47-51.

[16] ROTHWELL R，ZEGVELD W. Reindusdalization and Technology[M]. London：Logman Group Limited，1985.

[17] SONNENWALD D H. Scientific collaboration：a synthesis of challenges strategies[J]. Annual review of information science and technology，2007，41：643-681.

[18] 彭锐，杨芳. 产学研合作创新网络的演进阶段及演进过程中科研管理部门的作用[J]. 科研管理，2008，29（S1）：38-41.

[19] 宗凡，王莉芳，刘启雷. 国家创新体系包容性视角下高校与外资研发机构合作模式演进研究[J]. 科技进步与对策，2017，34（4）：129-133.

[20] 曾粤亮，司莉. 组织视角下跨学科科研合作运行机制研究：以斯坦福大学跨学科研究机构为例[J]. 图书与情报，2020（2）：64-75.

[21] 张兮，陈振娇，郭传杰. 虚拟科研团队中成员个性与知识贡献关系的实证研究[J]. 中国管理科学，2008，16（S1）：377-380.

[22] KELLY A C，ZUROFF D C，SHAPIRA L B. Soothing oneself and resisting self-attacks: the treatment of two intrapersonal deficits in depression vulnerability[J]. Cognitive therapy and research，2009, 33（3）：301-313.

[23] 庄倩，何琳. 科学数据共享中科研人员共享行为的演化博弈分析[J]. 情报杂志，2015，34（8）：152-157.

[24] 魏芳芳，陈福集. 三方非对称进化博弈行为分析[J]. 浙江大学学报（理学版），2013，40（2）：146-151.
[25] 周晖杰，李南，毛小燕. 企业环境行为的三方动态博弈研究[J]. 宁波大学学报（理工版），2019，32（2）：114-119.
[26] 陈福集，黄江玲. 三方博弈视角下的网络舆情演化研究[J]. 情报科学，2015（9）：22-26.
[27] 陆衡. 基于社会网络的学术博客知识交流研究[D]. 武汉：华中师范大学，2012.
[28] 甘春梅，王伟军. 在线科研社区中知识交流与共享：MOA视角[J]. 图书情报工作，2014，58（2）：53-58.
[29] 刘枫. 基于学术博客的知识共享模式研究[D]. 武汉：华中师范大学，2012.
[30] CHEUNG C M K，LEE M K O. What drives members to continue sharing knowledge in a virtual professional community？The role of knowledge self-efficacy and satisfaction[EB/OL]. （2007-12-18）[2021-09-12]. https://link.springer.com/chapter/10.1007/978-3-540-76719-0_46？noAccess = true#citeas
[31] CHIU C M，HSU M H，WANG E T G. Understanding knowledge sharing in virtual communities：an integration of social capital and social cognitive theories[J]. Decision support systems，2006，42（3）：1872-1888.
[32] 张鹤. 生命周期视角下网络社区动力机制与知识服务研究[D]. 武汉：华中师范大学，2015.
[33] 埃蒂纳·温格，理查德·麦克德马，威廉姆 M. 施泰德. 实践社团：学习型组织知识管理指南[M]. 边婧，译. 北京：机械工业出版社，2003.
[34] MOINGEON B，QUÉLIN B，DALSACE F，et al. Inter-organizational communities of practice：specificities and stakes[J]. Les cahiers de recherche，2006，857：18.
[35] 张丽. 在线实践共同体生命周期及培育策略研究[J]. 现代教育技术，2011，21（10）：87-92.
[36] PALLOFF R. Building learning communities in cyberspace[J]. Community college review，2006，95（4）：76-78.
[37] BHATTACHERJEE A. Understanding information systems continuance：an expectation-confirmation model[J]. MIS quarterly，2001，25（3）：351-370.
[38] 殷猛，李琪. 基于价值感知的微博话题持续参与意愿研究[J]. 情报杂志，2017，36（8）：94-100.
[39] GEFEN D，KARAHANNA E，STRAUB D W. Inexperience and experience with online stores：the importance of TAM and trust[J]. IEEE transactions on engineering management，2003，50（3）：307-321.
[40] KARAHANNA E，STRAUB D W，CHERVANY N L. Information technology adoption across time：a cross-sectional comparison of pre-adoption and post-adoption beliefs[J]. MIS quarterly，1999，23（2）：183-213.
[41] NISTOR N，BALTES B，DASCALU M，et al. Participation in virtual academic communities of practice under the influence of technology acceptance and community factors：a learning analytics application[J]. Computers in human behavior，2014，34：339-344.
[42] TOBARRA L，ROBLES-GOMEZ A，ROS S，et al. Analyzing the students' behavior and relevant topics in virtual learning communities[J]. Computer in human behavior，2014，31：659-669.
[43] 吴佳玲，庞建刚. 基于SBM模型的虚拟学术社区知识交流效率评价[J]. 情报科学，2017，35（9）：125-130.
[44] 袁勤俭，毛春蕾. 学术虚拟社区特征对知识交流效果影响的研究[J]. 现代情报，2021，41（6）：3-12.
[45] 谭春辉，朱宸良，苟凡. 虚拟学术社区中科研人员合作行为影响因素研究：基于质性分析法与实证研究法相结合的视角[J]. 情报科学，2020，38（2）：52-58，108.
[46] 王伟军，甘春梅. 学术博客持续使用意愿的影响因素研究[J]. 科研管理，2014，35（10）：121-127.
[47] 白玉. 学术虚拟社区持续意愿的影响因素研究[J]. 图书馆学研究，2017（5）：2-6.
[48] BLUMLER J G，KATZ E. The uses of mass communications：cur-rent perspectives on gratifications

research[M]. Beverly Hills: Sage Publications, 1974.

[49] DHOLAKIA U M, BAGOZZI R P, PEARO L K. A social influence model of consumer participation in network and small-group-based virtual communities[J]. International journal of research marketing, 2004, 21 (3): 241-263.

[50] LAMPE C, WASH R, VELASQUEZ A, et al. Motivations to participate in online communities[C]// Proceedings of the 28th international conference on human factors in computing systems. Atlanta, GA .2010: 1927-1936.

[51] WASKO M M, FARAJ S. Why should I share? Examining social capital and knowledge contribution electronic networks of practice[J]. MIS quarterly, 2005, 29 (1): 35-57.

[52] 朱红灿,李建,胡新,等. 感知整合和感知过载对公众政务新媒体持续使用意愿的影响研究[J]. 现代情报, 2019, 39 (11): 137-145.

[53] FORNELL C, JOHNSON M D, ANDERSON E W, et al. The American customer satisfaction index: nature, purpose, and findings[J]. Journal of marketing, 1996, 60 (4): 7-8.

[54] 王凤艳,艾时钟,厉敏. 非交易类虚拟社区用户忠诚度影响因素实证研究[J]. 管理学报, 2011, 8 (9): 1339-1344.

[55] KUO Y F, WU C M, DENG W J. The relationships among service quality, perceived value, customer satisfaction, and post-purchase intention in mobile value-added services[J]. Computers in human behavior, 2009, 25 (4): 887-896.

[56] ROGERS E M. Diffusion of innovations[M]. 4th. New York: The Free Press, 1995.

[57] PARTHASARATHY M, BHATTACHERJEE A. Understanding post-adoption behavior in the context of online services [J]. Information systems research, 1998, 9 (4): 362-379.

[58] SHIH H P. Continued use of a Chinese online portal: an empirical study [J]. Behaviour & information technology, 2008, 27 (3): 201-209.

[59] KIM D, AMMETER T. Predicting personal information system adoption using an integrated diffusion model[J]. Information & management, 2014, 51 (4), 451-464.

[60] KELMAN H C. Further thoughts on the processes of compliance, identification, and internalization, in social influence and linkages between the individual and the social system[M]. Chicago: Aldine Press, 1974.

[61] KELMAN H C. Interests, relationships, identities: three central issues for individuals and groups in negotiating their social environment[J]. Annual review of psychology, 2006, 57 (1): 1-26.

[62] WANG Y, MEISTER D B, GRAY P H. Social influence and knowledge management systems use: evidence from panel data[J]. MIS quarterly, 2013, 37 (1): 299-313.

[63] VENKATESH V, DAVIS F D. A theoretical extension of the technology acceptance model: four longitudinal field studies[J]. Management science, 2000, 46 (2): 186-204.

[64] TSAI H-T, BAGOZZI R P. Contribution behavior in virtual communities: cognitive, emotional, and social influences[J]. MIS quarterly, 2014, 38 (1): 143-164.

[65] ZHOU T, LI H. Understanding mobile SNS continuance usage in China from the perspectives of social influence and privacy concern[J]. Computers in human behavior, 2014, 37: 283-289.

[66] TULLIS T, ALBERT B. 用户体验度量: 收集、分析与呈现[M]. 周嵘刚,秦宪刚,译. 北京: 机械工业出版社, 2009.

[67] AGRIFOGLIO R, BLACK S, METALLO C, et al. Extrinsic versus intrinsic motivation in continued Twitter usage[J]. Journal of computer information systems, 2012, 53 (1): 33-41.

[68] KANG Y S, LEE H. Understanding the role of an IT artifact in online service continuance: an extended

perspective of user satisfaction[J]. Computers in human behavior，2010，26（3）：353-364.

[69] MCKINNEY V，YOON K，ZAHEDI F M. The Measurement of web-customer satisfaction：an expectation and disconfirmation approach[J]. Information systems research，2002，13（3）：296-315.

[70] 赵雪芹，王少春. 微信小程序用户持续使用意愿的影响因素探究[J]. 现代情报，2019，39（6）：70-80，90.

[71] 彭希羡，冯祝斌，孙霄凌，等. 微博用户持续使用意向的理论模型及实证研究[J]. 现代图书情报技术，2012（11）：78-85.

[72] 中国互联网络信息中心. 第47次《中国互联网络发展状况统计报告》[R].（2021-02-03）[2021-02-07]. http://www.cac.gov.cn/2021-02/03c_1613923423079314.htm.

[73] 贾明霞，熊回香. 虚拟学术社区知识交流与知识共享探究：基于整合S-O-R模型与MOA理论[J]. 图书馆学研究，2020（2）：43-54.

[74] WILSON T D. Human information behavior[J]. Informnation science，2000，3（1）：49-56.

[75] 曹芬芳，张晋朝，王娟，等. 学术搜索引擎用户适应性学术信息搜寻行为影响因素研究[J]. 国家图书馆学刊，2019，28（6）：82-89.

[76] 石艳霞，刘欣欣. 大众网络健康信息搜寻行为研究综述[J]. 现代情报，2018，38（2）：157-163.

[77] 胡兴报，苏勤，张影莎. 国内旅游者网络旅游信息搜寻动机与搜寻内容研究[J]. 旅游学刊，2012，27（11）：105-112.

[78] DUTTA C B，DAS D K. What drives consumers' online information search behavior？Evidence from England[J]. Journal of retailing & consumer services，2017，35（3）：36-45.

[79] AUSTVOLL-DAHLGREN A，FALK R S，HELSETH S. Cognitive factors predicting intentions to search for health information：an application of the theory of planned behaviour[J]. Health information & libraries journal，2012，29（4）：296-308.

[80] LAMBERT S D，LOISELLE C. Health information seeking behavior[J]. Qualitative health research，2007，17（8）：1006-1019.

[81] CASE D O. Looking for information：a survey of research on information seeking，needs and behavior[M]. San Diego：Academic Press，2002.

[82] WILSON T D. Models in information behavior research[J]. Journal of documentation，1999，55（3）：249-270.

[83] TAYLOR S A. The addition of anticipated regret to attitudinally based，goal-directed models of information search behaviours under conditions of uncertainty and risk[J].The british psychological society，2007，46（4）：739-768.

[84] WU D，DANG W，HE D，et al. Undergraduate information behaviors in thesis writing：a study using ISP model[J]. Journal of librarianship & information Science，2017，49（3）：256-268.

[85] 吴祁. 突发公共卫生事件中农村老年人防疫信息搜寻影响因素[J]. 图书馆论坛，2020，40（9）：106-114.

[86] 柴晋颖，王飞绒. 虚拟社区研究现状及展望[J]. 情报杂志，2007（5）：101-103.

[87] 姜婷婷，迟宇，史敏珊. 社会性标签系统中的信息搜寻：基于豆瓣网的实证调查[J]. 图书情报工作，2013，57（21）：112-118.

[88] 袁红，王丽君. 社会化媒体环境下消费者旅游信息搜寻行为模式[J]. 情报科学，2015，33（1）：111-119.

[89] 李月琳，胡玲玲. 基于环境与情境的信息搜寻与搜索[J]. 情报科学，2012，30（1）：110-114.

[90] 查先进，张晋朝，严亚兰. 微博环境下用户学术信息搜寻行为影响因素研究：信息质量和信源可信度双路径视角[J]. 中国图书馆学报，2015，41（3）：71-86.

[91] 杜运周, 贾良定. 组态视角与定性比较分析（QCA）：管理学研究的一条新道路[J]. 管理世界, 2017, (6)：155-167.

[92] RIHOUX B, RAGIN C C. Configurational comparative methods：qualitative comparative analysis (QCA) and related techniques[M]. Thousand Oaks：SAGE Publications, 2009.

[93] FISS P C. Building better causal theories：a fuzzy set approach to typologies in organization research[J]. Academy of management journal, 2011, 54（2）：393-420.

[94] MACINNIS D J, JAWORSKI B J. Information processing from advertisements：toward an integrative framework[J]. Journal of marketing, 1989, 53（4）：1-23.

[95] 陈可, 涂平. 顾客参与服务补救：基于MOA模型的实证研究[J]. 管理科学, 2014, 27（3）：105-113.

[96] SIEMSEN E, ROTH A V, BALASUBRAMANIAN S. How motivation, opportunity, and ability drive knowledge sharing：the constraining-factor model[J]. Journal of operations management, 2008, 26（3）：426-445.

[97] DECI E L, RYAN R M, WILLIAMS G C. Need satisfaction and the self-regulation of learning[J]. Learning and individual differences, 1996, 8（3）：165-183.

[98] 王蕾. 基于信息需求的消费者网络信息搜寻行为研究[J]. 情报理论与实践, 2013, 36（7）：90-93.

[99] 杨昕雅. 知识型微信社群用户参与动机对参与行为的影响[J]. 重庆邮电大学学报（社会科学版）, 2017, 29（5）：67-74.

[100] 陈则谦. 基于互联网的知识获取行为动力模型及实证分析[J]. 情报杂志, 2013, 32（4）：149-154.

[101] 陈则谦. MOA模型的形成、发展与核心构念[J]. 图书馆学研究, 2013（13）：53-57.

[102] 欧阳博, 刘坤锋. 移动虚拟社区用户持续信息搜寻意愿研究[J]. 情报科学, 2017, 35（10）：152-159.

[103] 杨建林, 陆阳琪. 基于认知视角的社会化信息搜寻影响因素分析[J]. 情报理论与实践, 2017, 40（5）：44-49.

[104] KUHLTHAU C C. Inside the Search Process：information seeking from the user's perspective[J]. Journal of the association for information science & technology, 2010, 42（5）：361-371.

[105] BANDURA A. Self-efficacy：the exercise of control[M]. New York：Macmillan, 1997.

[106] 张发秋. 虚拟社区信息获取与信息共享意愿和行为的实证研究[J]. 情报科学, 2015, 33（8）：59-64, 119.

[107] BOSHIER R W. Psychometric properties of the alternative form of the education participation scale[J]. Adult education quarterly, 1991, 41（3）：150-167.

[108] BOSHIER R W. Motivational orientations of adult education participants：a factor analytic exploration of houle's typology[J]. Adult education, 1971（21）：3-26.

[109] KIM A, MERRIAM S B. Motivations for learning among older adults in a learning retirement institute[J]. Educational gerontology, 2004（30）：441-455.

[110] 赵玉明, 明均仁, 杨艳妮. 移动图书馆的用户接受模型研究[J]. 图书馆论坛, 2015, 35（10）：74-81.

[111] DAVIS F D, BAGOZZI R P, WARSHAW P R. User acceptance of computer technology：a comparison two theoretical models[J]. Management science, 1989, 35（8）：982-1003.

[112] PAVLOU P A, FYGENSON M. Understanding and predicting electronic commerce adoption：an extension of the theory of planned behavior[J]. MIS quarterly, 2006, 30（1）：115-143.

[113] ZHOU T. Understanding uses' initial trust in mobile banking：an elaboration likelihood perspective[J]. Computers in human behavior, 2012, 28（4）：1518-1525.

[114] TSAI M J, TSAI C C. Information searching strategies in web-based science learning：the role of internet self-efficacy[J]. Innovations in education & teaching international, 2003, 40（1）：43-50.

[115] KANKANHALLI A, TAN B C Y, WEI K K. Contributing knowledge to electronic knowledge repositories：an empirical investigation[J]. MIS quarterly, 2005, 29（1）：113-143.

[116] YAN Y, DAVISON R M. Exploring behavioral transfer from knowledge seeking to knowledge contributing: the mediating role of intrinsic motivation[J]. Journal of the association for information science and technology, 2013, 64 (6): 1144-1157.

[117] SUBRAMANIAN A M, SOH P H. Contributing knowledge to knowledge repositories: dual role of inducement and opportunity factors[J]. Information resources management journal, 2009, 22 (1): 45-62.

[118] 张明, 杜运周. 组织与管理研究中 QCA 方法的应用: 定位、策略和方向[J]. 管理学报, 2019, 16 (9): 1312-1323.

[119] 伯努瓦·里豪克斯, 查尔斯 C·拉金. QCA 设计原理与应用: 超越定性与定量研究的新方法[M]. 杜运周, 李永发, 等, 译. 北京: 机械工业出版社, 2017.

[120] FISS P C. A set-theoretic approach to organizational configurations [J]. The academy of management review, 2007, 32 (4): 1180-1198.

[121] SCHNEIDER C Q, WAGEMANN C. Set-theoretic methods for the social sciences: a guide to qualitative comparative analysis[M]. Cambridge: Cambridge University Press, 2012.

[122] 李桐, 罗重. 互联网社交对传统人际交往秩序的影响及规范[J]. 学习与实践, 2018 (11): 109-113.

[123] 沈惠敏, 娄策群. 虚拟学术社区知识共享中的共生互利框架分析[J]. 情报科学, 2017, 35 (7): 16-19, 38.

[124] 苏中锋. 合作研发的控制机制与机会主义行为[J]. 科学学研究, 2019, 37 (1): 112-120, 164.

[125] DAVIDAVICIENE V, MAJZOUB K A, MEIDUTE-KAVALIAUSKIENE I. Factors affecting decision-making processes in virtual teams in the UAE [J]. Information (Switzerland), 2020, 11 (490): 1-13.

[126] 邓灵斌. 虚拟学术社区中科研人员知识共享意愿的影响因素实证研究: 基于信任的视角[J]. 图书馆杂志, 2019, 38 (9): 63-69, 108.

[127] DEUTSCH M. Trust and suspicion[J]. Journal of conflict resolution, 1958, 2 (4): 265-279.

[128] MAYER R C, DAVIS J H. An integrative model of organizational trust[J]. Academy of management review, 1995, 20 (3): 709-734.

[129] CORRITORE C L, KRACHER B, WIEDENBECK S. On-line trust: concepts, evolving themes, a model[J]. International Journal of Human-Computer Studies, 2003, 58 (6): 737-758.

[130] LUHMANN N. Familiarity, confidence, trust: problems and alternatives[J]. Trust making & peaking cooperative relations, 2000, 6 (1): 94-107.

[131] 胡昌平, 仇蓉蓉. 虚拟社区用户隐私关注研究综述[J]. 情报理论与实践, 2018, 41 (12): 149-154.

[132] 孙富杰. 学术虚拟社区用户知识交流行为影响因素调查研究[D]. 郑州: 郑州大学, 2018.

[133] 刘海鹏, 郑伟伟, 张敏. 虚拟学术社区知识共享信任关系动态形成机制研究[J]. 图书馆, 2015 (8): 73-75, 105.

[134] TSAI J C A, HUNG S Y. Examination of community identification and interpersonal trust on continuous use intention: evidence from experienced online community members [J]. Information & management, 2019, 56 (4): 552-569.

[135] FANG Y H, CHIU C M. In justice we trust: exploring knowledge-sharing continuance intentions in virtual communities of practice [J]. Computers in human behavior, 2010, 26 (2): 235-246.

[136] 朱玲, 张薇薇. 知识付费情境下在线用户参与行为影响因素研究综述[J]. 图书馆学研究, 2021 (2): 9-18, 8.

[137] GONG X Y, LIU Z Y, WU T L. Gender differences in the antecedents of trust in mobile social networking services [J]. Service industries journal, 2021, 41: 400-426.

[138] 王仙雅. 虚拟学术社区促进科研合作形成的内在机理: 一项扎根理论研究[J]. 科技进步与对策,

2019，36（21）：19-25.

[139] 王战平，刁斐，谭春辉，等. 虚拟学术社区用户社区认同感影响因素[J]. 图书馆论坛，2021，41（4）：132-140.

[140] 赵欣，李佳倩，赵琳，等. 在线社区的知识增殖：用户行为与用户信任的互惠关系研究[J]. 现代情报，2020，40（10）：84-92.

[141] SIMMEL G. 社会学：关于社会化形式的研究[M]. 林荣远，译. 北京：华夏出版社，2002.

[142] 张公让，鲍超，王晓玉，等. 基于评论数据的文本语义挖掘与情感分析[J]. 情报科学，2021，39（5）：53-61.

[143] 甘春梅，邱智燕，徐维晞. 基于 fsQCA 的移动地图 APP 持续使用意愿影响因素研究[J]. 情报理论与实践，2020，43（11）：110-115.

[144] GOULDNER A W. The norm of reciprocity：a preliminary statement [J]. American sociology review，1960（25）：161-178.

[145] LIN M J，HUNG S W，CHEN C J. Fostering the determinants of knowledge sharing in professional virtual communities [J]. Computers in human behavior，2009，25（4）：929-939.

[146] WU J J，TSANG A S L. Factors affecting members' trust belief and behaviour intention in virtual communities [J]. Behaviour & information technology，2008，27（2）：115-125.

[147] 张帅，王文韬，李晶. 用户在线知识付费行为影响因素研究[J]. 图书情报工作，2017，61（10）：94-100.

[148] 韩梅. 用户感知视角下影响知识付费平台信息资源质量的因素分析[J]. 图书情报工作，2019，63（13）：43-51.

[149] MILES J A. 管理与组织研究必读的 40 个理论[M]. 徐世勇，李超平，等，译. 北京：北京大学出版社，2017.

[150] KILDUFF M，BRASS D J. Organizational social network research：core ideas and key debates[J]. Academy of management annals，2010（4）：317-357.

[151] 张敏，郑伟伟. 基于信任的虚拟社区知识共享研究综述[J]. 情报理论与实践，2015，38（3）：138-144.

[152] BRAZELTON J，GORRY G A. Creating a knowledge-sharing community：if you build it，will they come？[J]. Communications of the ACM，2003，46（2）：23-25.

[153] 刘迎春，李瑞，王倩，等. 虚拟社区在线信任的影响因素：来自元分析的证据[J]. 情报科学，2021，39（10）：32-39.

[154] RAGIN C C. Redesigning social inquiry：fuzzy sets and beyond[M]. Chicago：University of Chicago Press，2008.

[155] 王仙雅. 虚拟学术社区中科研合作的形成与激励：互惠视角[J]. 情报探索，2019（10）：24-29.

[156] 谭春辉，王仪雯，曾奕棠. 虚拟学术社区科研团队合作行为的三方动态博弈[J]. 图书馆论坛，2020，40（2）：1-9.

[157] 谭春辉，王仪雯，曾奕棠. 激励机制视角下虚拟学术社区科研人员合作的演化博弈研究[J]. 现代情报，2019，39（12）：64-71.

[158] 秦宜，庞建刚，吴景海，等. 基于主成分分析的虚拟学术社区科研人员合作影响因素研究：以"小木虫"论坛为例[J]. 情报探索，2020（5）：46-52.

[159] VENKATESH V，THONG J Y L，XU X. Consumer acceptance and use of information technology：extending the unified theory of acceptance and use of technology [J]. MIS quarterly，2012，36（1）：157-178.

[160] ZHOU T，LU Y B. Integrating TTF and UTAUT to explain mobile banking user adoption[J]. Computers in human behavior，2010，（26）：760-767.

[161] 李佳欣. 微信知识社群用户信息共享意愿影响因素研究[D]. 长春：吉林大学，2019.

[162] 孙瑜. 社会化问答平台用户知识共享意愿影响因素研究[D]. 哈尔滨：哈尔滨工业大学，2019.

[163] 周涛，王超. 基于社会认知理论的知识型社区用户持续使用行为研究[J]. 现代情报，2016，36（9）：82-87.

[164] CAO Z. Empirical study on continued participation intention of virtual community users based on social cognitive theory[C]//Proceedings of the 2nd International Conference on Contemporary Education, Social Sciences and Ecological Studies（CESSES 2019）.2019.

[165] TSAI J C，KANG T. Reciprocal intention in knowledge seeking：examining social exchange theory in an online professional community[J]. International journal of information management，2019，48（821）：161-174.

[166] 王战平，刘雨齐，谭春辉，等. 虚拟学术社区科研合作建立阶段的影响因素[J]. 图书馆论坛，2020，40（2）：17-25.

[167] 杨燕. 虚拟学术社区用户知识贡献动机研究[D]. 武汉：武汉大学，2017.

[168] 谭春辉，李瑶. 虚拟学术社区用户持续使用意愿影响因素研究[J]. 图书馆学研究，2020（20）：28-38.

[169] LIU Y，ZHAO Y M. Analysis of influencing factors of knowledge sharing in the virtual academic community：based on the motivation and demand theory[J]. Management science and engineering，2018，12（1）：42-50.

[170] 宋丰凯. 虚拟社区用户持续使用意愿的影响因素实证研究[D]. 济南：山东大学，2019.

[171] 李金阳. 社会交换理论视角下虚拟社区知识共享行为研究[J]. 情报科学，2013，31（4）：119-123.

[172] 陈明红，刘堂，漆贤军. 学术虚拟社区持续知识共享意愿研究：启发式-系统式模型的视角[J]. 图书馆论坛，2015（11）：93-91.

[173] CHEN I Y L. The factors influencing members' continuance intentions in professional virtual communities：a longitudinal study[J]. Journal of information science，2007，33（4）：451-467.

[174] MENG M，RITU A. Through a glass darkly：information technology design, identity verification, and knowledge contribution in online communities[J]. Information systems research，2007，18（1）：42-67.

[175] 陈明红. 学术虚拟社区用户持续知识共享的意愿研究[J]. 情报资料工作，2015（1）：41-47.

[176] HUNG S W，CHENG M J. Are you ready for knowledge sharing？An empirical study of virtual communities[J]. Computers & education，2013（62）：8-17.

[177] 龚立群，方洁. 虚拟团队中知识提供者的知识共享动机及其激励机制研究[J]. 图书情报工作，2013，57（12）：129-135，148.

[178] 张乐. 学术虚拟社区中个体知识贡献意愿影响因素的实证研究[D]. 太原：山西财经大学，2016.

[179] 钟玲玲，王战平，谭春辉. 虚拟学术社区用户知识交流影响因素研究[J]. 情报科学，2020，38（3）：137-144.

[180] CHIA H P，PRITCHARD A. Using a virtual learning community（VLC）to facilitate a cross-national science research collaboration between secondary school students [J]. Computers & education，2014，79：1-15.

[181] 池毛毛，杜运周，王伟军. 组态视角与定性比较分析方法：图书情报学实证研究的新道路[J]. 情报学报，2021，40（4）：424-434.

[182] 曹树金，王志红. 虚拟社区知识共享意愿与行为的影响因素及其调节变量：元分析研究[J]. 图书情报工作，2018，62（8）：74-83.

[183] HAU Y S，KIM B，LEE H，et al. The effects of individual motivations and social capital on employees' tacit and explicit knowledge sharing intentions[J]. International journal of information management，2013（33）：356-366.

[184] 徐美凤，叶继元. 学术虚拟社区知识共享行为影响因素研究[J]. 情报理论与实践，2011，34（11）：72-77.

[185] 张红兵，张乐. 学术虚拟社区知识贡献意愿影响因素的实证研究：KCM 和 TAM 视角[J]. 软科学，2017，31（8）：19-24.

[186] 张琦涓. 基于社会交换理论的虚拟社区知识共享行为研究[D]. 太原：中北大学，2015.

[187] 关鹏，王曰芬，傅柱. 基于多 Agent 系统的科研合作网络知识扩散建模与仿真[J]. 情报学报，2019，38（5）：512-524.

[188] KATZ J S，MARTIN B R. What is research collaboration？[J]. Research policy，1997，26（1）：1-18.

[189] HENNART J F. The transaction costs theory of joint ventures：an empirical study of Japanese subsidiaries in the United States[J]. Management science，1991，37（4）：483-497.

[190] TSAI W P，GHOSHAL S. Social capital and value creation：the role of intrafirm networks[J]. The academy of management journal，1998，41（4）：464-476.

[191] ÖRTQVIST D. Fair governance and good citizenship behavior：a recipe for succeeding in strategic networks？（summary）[EB/OL].（2010-06-12）[2021-11-08]. https://www.researchgate.net/publication/254555494.

[192] 曹海军，李明. 共生理论视域下移动社交网络舆情导控机理研究[J]. 哈尔滨工业大学学报（社会科学版），2019，21（2）：7-14.

[193] FRACCASCIA L，GIANNOCCARO I，ALBINO V. Rethinking resilience in industrial symbiosis：conceptualization and measurements[J]. Ecological economics，2017，137（1）：148-162.

[194] 马旭军，宗刚. 基于 Logistic 模型的员工和企业共生行为稳定性研究[J]. 经济问题，2016（1）：96-99.

[195] BLUMBERG A A. Logistic growth rate functions[J]. Journal of theoretical biology，1968，21（1）：42-44.

[196] ANDERSEN E S. Railroadization as schumpeter's standard example of capitalist evolution：an evolutionary-ecological account[J]. Industry and innovation，2002，9（1/2）：41-78

[197] THORNLEY J H M，SHEPHERD J J，FRANCE J. An open-ended logistic-based growth function：analytical solutions and the power-law logistic model[J]. Ecological modelling，2007，204（3/4）：531-534.

[198] 徐学军，唐强荣，樊奇. 中国生产性服务业与制造业种群的共生：基于 Logistic 生长方程的实证研究[J]. 管理评论，2011，23（9）：152-159.

[199] 秦峰，符荣鑫，杨小华. 情报共生的机理与实现策略研究[J]. 图书情报工作，2018，62（9）：28-35.

[200] 李洪波，史欢. 基于扩展 Logistic 模型的创业生态系统共生演化研究[J]. 统计与决策，2019，35（21）：40-45.

[201] 刘苗苗，姜华，刘盛博，等. 不同学科科研合作差异的比较研究：以 2017 年教育部创新团队 114 位带头人为例[J]. 科技管理研究，2019，39（16）：100-107.

[202] FENG F，ZHANG L，DU Y，et al. Study on the classification and stability of industry-university-research symbiosis phenomenon：based on the logistic model [J]. Journal of emerging trends in economics and management sciences，2012，3（2）：116-120.

[203] MAJUMDAR S K. The impact of size and age on firm-level performance：some evidence from India[J]. Review of industrial organization，1997，12（2）：231-241.

[204] FREEMAN R E. Strategic management：a stakeholder approach[M]. Boston：Pitman Publishing，1984.

[205] MITCHELL R K，AGLE B R，WOOD D J. Towards a theory of stakeholder identification and salience [J]. Academy of management，1997，22（4）：853-886.

[206] 曲建升，卜玉敏，刘红煦. 科学研究组织范式的演进发展与趋向[J]. 图书与情报，2017（3）：56-60，71.

[207] 苏娜. 科学研究的社会影响力评价：研究与实践进展[J]. 情报学报，2020，39（10）：1114-1119.

[208] 巴志超，李纲，朱世伟. 科研合作网络的知识扩散机理研究[J]. 中国图书馆学报，2016，42（5）：68-84.

[209] FREEMAN R E. Strategic management：a stakeholder approach[M]. Cambridge：Cambridge University Press，2010.

[210] 曾国屏. 竞争和协同：系统发展的动力和源泉[J]. 系统辩证学学报，1996（3）：7-11.

[211] 徐小龙，王方华. 虚拟社区的知识共享机制研究[J]. 自然辩证法研究，2007（8）：83-86.

[212] 刘蕤. 虚拟社区知识共享影响因素及激励机制探析[J]. 情报理论与实践，2012，35（8）：39-43.

[213] 孔德超. 虚拟社区的知识共享模式研究[J]. 图书馆学研究，2009（10）：95-97.

[214] 王慧贤. 社交网络媒体平台用户参与激励机制研究[D]. 北京：北京邮电大学，2013.

[215] 王东. 虚拟学术社区知识共享实现机制研究[D]. 长春：吉林大学，2010.

[216] 李士梅，高维龙. 契约视角下政府委托第三方提供养老服务的激励约束机制分析[J]. 内蒙古社会科学（汉文版），2018，39（2）：117-124，2.

[217] KREPS D M，MILGROM P，ROBERTS J，et al. Rational cooperation in the finitely repeated prisoners' dilemma[J]. Journal of economic theory，1982，27（2）：245-252.

[218] PETERSEN A M，FORTUNATO S，PAN R K，et al. Reputation and impact in academic careers [J]. Proceedings of the national academy of sciences，2014，111（43）：15316-15321.

[219] XIE Y M，ZHANG Y. A reputation-based incentive scheme for delay tolerant networks [J]. Security and communication networks，2016，9（1）：5-18.

[220] 李海霞，王祖和，修瑛昌，等. 不完全信息四人帮模型的建设工程竞标合作均衡分析[J]. 经济数学，2015，32（3）：26-30.

[221] 安敏，何伟军，沈菊琴，等. 基于KMRW模型的跨区域水污染治理合作联盟稳定性分析[J]. 生态经济，2018，34（1）：164-170.

[222] 杨璐璐. 基于KMRW声誉模型的农产品供应链合作机制[J]. 中国流通经济，2019，33（8）：54-62.

[223] ANTONACCI G，COLLADON A F，STEFANINI A，et al. It is rotating leaders who build the swarm：social network determinants of growth for healthcare virtual communities of practice [J]. Journal of knowledge management，2017，21（5）：1218-1239.

[224] KAUR H，PARUTHI M，ISLAM J，et al. The role of brand community identification and reward on consumer brand engagement and brand loyalty in virtual brand communities [J]. Telematics and informatics，2019，46：35-49.

[225] NISTOR N，BALTES B，SCHUSTEK M，et al. Knowledge sharing and educational technology acceptance in online academic communities of practice [J]. Campus-wide information systems，2012，29（2）：108-116.

[226] CHEN M，QI X. Members' satisfaction and continuance intention：a socio-technical perspective[J]. Industrial management & data systems，2015，115（6）：1132-1150.

[227] 王战平，朱宸良，汪玲，等. 生态系统视角下虚拟学术社区科研人员合作影响因素研究[J]. 情报理论与实践，2021，44（4）：119-129，98.

[228] 孙思阳. 基于模糊层次分析法的虚拟学术社区用户知识交流效果评价研究[J]. 情报科学，2020，38（2）：22-28.

[229] SORENSEN J B，STUART T E. Aging, obsolescence, and organizational innovation[J]. Administrative science quarterly，2000，45（1）：81-112.

[230] 周华清. 基于高校教师微信公众号阅读行为的学术期刊微信平台运营思考[J]. 出版科学，2019，27（1）：76-81.

[231] BERGER C，BLAUTH R，BOGER D，et al. Kano's methods for understanding customer defined quality [J]. Center for quality management journal，1993，2（4）：3-36.